Beiträge zur Nervenphysiologie von Mytilus edulis

Inaugural-Dissertation

zur Erlangung der Doktorwürde
der Hohen Philosophischen Fakultät
der Christian-Albrechts-Universität zu Kiel

vorgelegt von

Klaas-Denekas Woortmann
aus Leer (Ostfriesland)

Springer-Verlag Berlin Heidelberg GmbH 1926

Referent: Prof. Dr. Freiherr W. v. Buddenbrock-Hettersdorf
Tag der mündlichen Prüfung: 25. Februar 1926

Kiel, den 25. Februar 1926

Zum Druck genehmigt:
Prof. Dr. Haseloff, z. Zt. Dekan.

ISBN 978-3-662-39181-5   ISBN 978-3-662-40176-7 (eBook)
DOI 10.1007/978-3-662-40176-7

Sonderabdruck aus „Zeitschrift für vergleichende Physiologie",
Bd. 4, Heft 4.

Meiner lieben Mutter
und meinen Geschwistern
in Dankbarkeit gewidmet

Inhaltsübersicht. Seite
1. Bisher Bekanntes über die Nervenphysiologie der Lamellibranchier . 488
2. Anatomie des Nervensystems 489
3. Normale Lebenserscheinungen 492
4. Physiologie des Nervensystems 512
    a) Funktion der Pedalganglien 512
    b) Funktion der Viszeralganglien 515
    c) Funktion der Cerebralganglien 521
    d) Funktion des Mantelrandnervs 522
  Zusammenfassung 526

Experimentelle Untersuchungen über die Physiologie des Nervensystems der Lamellibranchier liegen im Vergleich mit denen anderer Tiergruppen nur in geringer Zahl vor. Vielleicht liegt diese Tatsache in der Einfachheit des Reflexlebens der Muscheln begründet, die auf alle einwirkenden Umweltreize mit der stereotypen Reaktion des Schließreflexes, d. h. der Kontraktion der Adduktoren antworten, hierdurch Zuklappen der Schalen herbeiführen und sich der weiteren Beobachtung entziehen. Es führen also die Reflexbahnen von zahlreichen rezeptorischen Gebieten zu den gleichen motorischen Neuronen, die mithin für zahlreiche Reflexe eine gemeinsame Endstrecke darstellen.

Pecten und *Ensis* sind meines Wissens die einzigen Vertreter dieser Gruppe, die bisher nervenphysiologisch genauer untersucht sind. Wenn gerade sie das Interesse des Physiologen auf sich gelenkt haben, so kann man den Grund darin erblicken, daß sie sich durch ihre Lebhaftigkeit vor den anderen Lamellibranchiern auszeichnen. Aber gerade darum können weder *Pecten* noch *Ensis* als typische Vertreter der Muscheln überhaupt gelten, und es bleibt nach wie vor die Aufgabe, an einem *normalen* Muscheltypus die Gesetze der Nervenphysiologie dieser Tiere aufzudecken. Als Untersuchungsobjekt diente der in der Kieler Förde massenhaft vorkommende *Mytilus edulis*.

Zum Verständnis der folgenden Experimente diene die Beschreibung des Nervensystems nach LIST, der ein umfangreiches Werk über die „*Mytiliden des Golfes von Neapel und der angrenzenden Meeresabschnitte*" geschrieben hat. Zur Erläuterung ist Abb. 1 beigegeben.

Das *Nervensystem der Mytiliden* zeigt typisch drei symmetrisch angeordnete Ganglienpaare: die Cerebralganglien (*C. G.*), die Pedalganglien (*P. G.*) und die Viszeralganglien (*V. G.*). Sie sind weit voneinander entfernt und treten durch sehr lange Konnektive miteinander in Verbin-

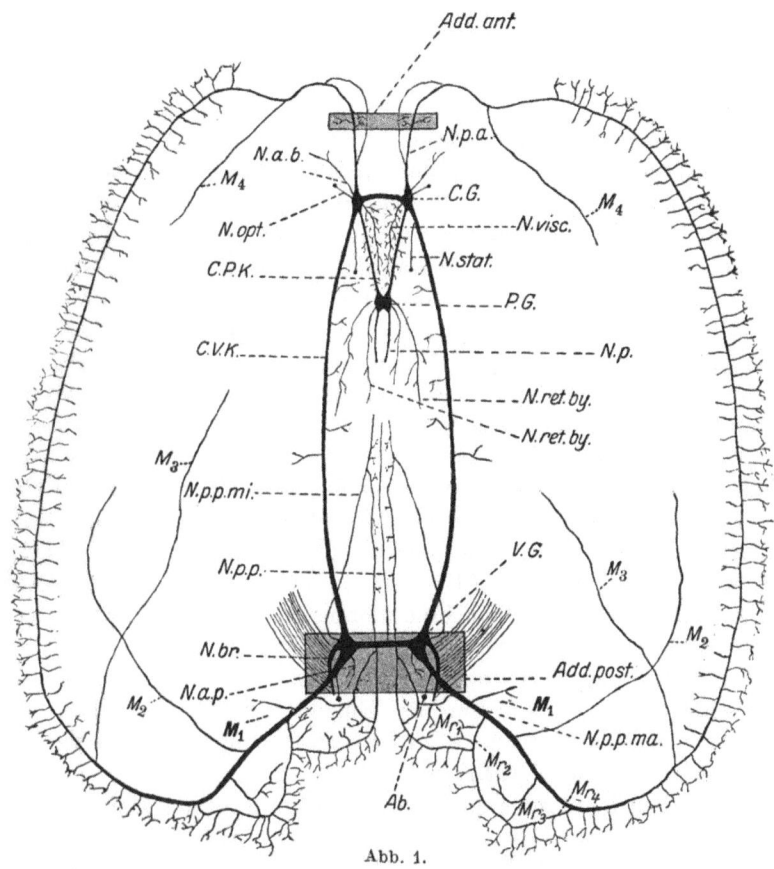

Abb. 1. Nervensystem, nach Th. LIST. Schema. *Ab.* = abdominales Sinnesorgan. *Add. ant.* = Adductor anterior. *Add. post.* = Adductor posterior. *C.G.* = Cerebralganglion. *C.P.K.* = Cerebropedalkonnektiv. *C.V.K.* = Cerebrovisceralkonnektiv. $M._{1-4}$ = 1.—4. Mantelnerv. $Mr._{1-4}$ = 1.—2. Mantelrandnerv. *N.a.b.* = N. appendicis buccalis. *N.a.p.* = N. adductoris posterioris. *N.br.* = N. branchialis. *N.opt.* = N. opticus. *Np.a.* = N. pallialis anterior. *N.p.* = N. pedalis. *N.p.p.* = N. pedalis posterior. *N.p.p.ma.* = N. pallialis posterior maior. *N.p.p.mi.* = N. pallialis posterior minor. *N.ret.by.* = Nn. retractorum byssi. *N.stat.* = N. statocysticus. *N.visc.* = Nn. viscerales. *P.G.* = Pedalganglion. *V.G.* = Visceralganglion.

dung. Während die Cerebral- und Viszeralganglien durch eine ganglienreiche Querkommissur miteinander verbunden sind, sind die Pedalganglien so dicht aneinandergerückt, daß eine Querkommissur nicht zur Entwicklung gekommen ist.

Die *Cerebralganglien* (*C.G.*) liegen zu beiden Seiten des Schlundrohres und sind durch die Cerebralkommissur, die dorsal über dem Ösophagus hinzieht, miteinander verbunden.

Von jedem *Cerebralganglion* gehen außer der Kommissur drei Hauptnervenstränge aus: nach vorn der *Nervus pallialis anterior* (*N.p.a.*), nach hinten das *Cerebropedal-* (*C.P.K.*) und das *Cerebroviszeralkonnektiv* (*C.V.K.*). Mit Ausnahme von *Mytilus galloprovincialis* entspringen bei allen Arten die beiden Konnektive vom Cerebralganglion stets als getrennte Nerven.

Der *Nervus pallialis anterior* sendet vor dem Adductor anterior (*Add.ant.*) einen Seitennerv ab, der auf diesem Muskel verläuft und hinter dem Adduktor wieder in den *Nervus pallialis anterior* tritt. Seitenäste dieser beiden Nerven besorgen die Innervation des vorderen Schließmuskels und von Teilen des Mantelrandes. Der *Nervus pallialis anterior* folgt dem Mantelrand nach hinten und vereinigt sich mit dem *Nervus pallialis posterior major* (*N.p.p.ma.*), der aus dem Viszeralganglion entspringt, zu dem parallel zum Mantelrand verlaufenden *Mantelrandnerv*, der sehr reich an Ganglienzellen ist und zahlreiche Seitenäste in die Mantelrandfalten, aber wenige (M_1—M_4) in den Mantel selbst abgibt. Die Seitenäste verzweigen sich sehr stark. Indem die Zweige der einzelnen Nervenäste untereinander in Verbindung treten, entsteht so unter dem Mantelrandepithel ein einheitliches feines Nervennetz. Die Innervation des Kloakalsiphos und des unvollständigen Branchialsiphos besorgen vier Seitenäste (Mr_1—Mr_4) des *Nervus pallialis posterior major* (*N.p.p.ma.*); dieselben innervieren auch die Sinnesorgane an der Innenfalte des Mantelrandes und an den Siphonen.

Seitenäste des Cerebropedal- und des Cerebroviszeralkonnektivs übernehmen die Innervation der Eingeweide: Darm, Leber, Niere, Geschlechtsdrüsen. Von dem Cerebroviszeralkonnektiv geht ferner der *Nervus statocysticus* (*N.stat.*) ab.

Aus jedem Cerebralganglion entspringen folgende kleinere Nebennerven:

Der *Nervus appendicis buccalis* (*N. a.b.*) teilt sich bald nach seinem Ursprung in zwei Äste; jeder Ast läuft in einen Mundlappen und gabelt sich in mehrere zartere Stränge, die sich der Länge nach durch den Mundlappen ziehen und feinste Nervenäste in jede Querleiste senden; ein feiner *Nervus opticus* (*N.opt.*), der den einfachen Augenbecher innerviert; zerebralen Ursprungs sind schließlich noch dünne, mit zahlreichen Seitenästen versehene *Nervi viscerales* (*N.visc.*), die ein feinmaschiges Nervennetz über der Mundregion, dem Ösophagus und dem Magen ausbreiten.

Die *Pedalganglien* liegen, beiderseits von den Fußretraktoren (Abb. 2) eingeschlossen, dorsal von den vorderen Byssusretraktoren, und zwar ihnen aufliegend oder unmittelbar über ihnen. Aus jedem Ganglion entspringen neben dem Cerebropedalkonnektiv mindestens drei Nervenstämme. Der kräftigste unter ihnen innerviert als *Nervus pedalis* (*N.p.*) den Fuß bzw. Spinnfinger; die beiden anderen (*N.by.*) auf der Hinter- und Rückenfläche des Ganglions entspringenden versorgen mit vielen Seitenästen besonders die Retraktoren des Byssus (siehe Abb. 2).

Die *Viszeralganglien* liegen den vordersten Muskelzügen des Adductor posterior (*Add.post.*) ventral auf. Außer dem Cerebroviszeralkonnektiv gehen von jedem Viszeralganglion nach hinten zwei Hauptnervenstämme: Der *Nervus pallialis posterior major* (*N.p.p.ma.*), der *Nervus branchialis* und *osphradialis* (*N.br.*), der in der Kiemenachse nach hinten verläuft. Von dem *Nervus branchialis* gehen zahlreiche Seitenäste ab, die, großenteils einander parallel gerichtet, direkt nach vorn verlaufen und mit dem *pallialen Sinnesepithel* in Verbindung treten. Dieses Sinnesepithel, das auch auf das Epithel an der Unterfläche des Adductor posterior übertritt, wird von dem konstant auftretenden *Nervus adductoris posterioris* (*N.a.p.*) innerviert. Dieser Nerv besorgt durch feinste Äste zugleich die Innervation des hinteren Schließmuskels. Der *Nervus pallialis posterior major* (*N.p.p.ma.*), der ventral vom Adductor posterior verläuft, sendet einen feinen Seitenast nach dem *abdominalen Sinnesorgan* (*Ab.*) und zieht dann den Mantelrand entlang.

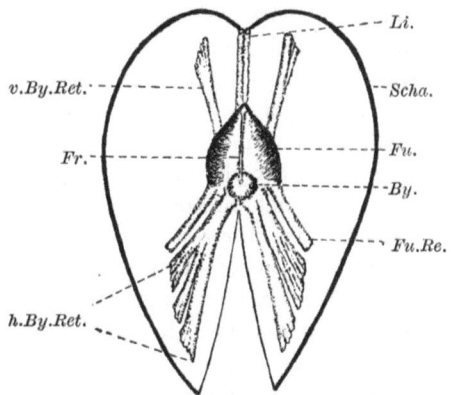

Abb. 2. Muskulatur des Fußes und der Byssusdrüse. *By.* = Byssusdrüse. *h.By.Re.* = hinterer Byssusretraktor. *v.By.Re.* = vorderer Byssusretraktor. *Fr.* = Fußrinne. *Fu.* = Fuß. *Fu.Re.* Fußretraktor. *Li.* = Ligament. *Scha.* = Schale.

Weiter nach vorn verlaufend, vereinigt er sich mit dem *Nervus pallialis anterior* (*N.p.a.*). Bei der geringen Größe des *abdominalen Sinnesorganes* wird es schwer fallen, auf experimentellem Wege seine Funktion festzustellen. Seine Lage macht die Vermutung sehr wahrscheinlich, daß es neben dem zugleich vorkommenden Geruchs- bzw. Geschmacksorgan, dem Osphradium, als ein Prüfungsorgan des eintretenden Wassers funktioniert. Dieser Ansicht von LIST schließen sich PELSENEER und STEMPELL an.

Während seines Verlaufes gibt der *Nervus pallialis posterior major* zahlreiche Seitenäste in den Mantelrand ab. Die vier ersten (Mr_1—Mr_4) sind besonders kräftig und durch starke Nervenbögen miteinander verbunden. Ein vom ersten Mantelrandnerv (Mr_1) ausgehender Seitenast stellt konstant die Verbindung mit dem *Nervus pallialis posterior minor* (*N.p.p.mi.*) her. Die ersten Mantelrandnerven innervieren zugleich auch die Siphonen.

Aus jedem *Viszeralganglion* nimmt mindestens ein kleiner Eingeweidenerv seinen Ursprung.

Ein bei allen Mytiliden konstant auftretender Nerv ist der schon erwähnte *Nervus pallialis posterior minor* (*N.p.p.mi.*), der entweder aus dem Viszeralganglion oder aus der Viszeralkommissur entspringt. Im Mantel und Mantelrand gabelt er sich in einen hinteren und vorderen Ast. Der hintere Ast tritt mit dem einen Seitenast des ersten Mantelrandnervs (Mr_1), der aus dem *Nervus pallialis posterior major* (*N.p.p.ma.*) entspringt, in Verbindung. Hierdurch entsteht also ein kleiner Nervenbogen.

Aus der Mitte der Viszeralkommissur entspringt bei allen Mytiliden ein unpaarer *Nervus pedalis posterior* (*N.p.p.*). Er verläuft in der ventralen Kante des Körpers nach vorn bis zum Byssus und Spinnfinger und gibt zahlreiche Äste während seines Verlaufes ab.

Außer den erwähnten zentralen Ganglien finden sich bei allen Lamellibranchiern periphere Ganglienzellen, insbesondere im Mantelrandnerv. Die peripheren und zentralen Ganglienzellen führen sowohl sensible als auch motorische Fasern. Daher lassen sich auch nach Isolierung vom übrigen Nervensystem an ihnen Reflexe auslösen.

Der für unsere Untersuchungen hauptsächlich in Frage kommende große Nervenbogen setzt sich zusammen aus den drei Ganglienpaaren und ihren aus den Konnektiven und Mantelrandnerven bestehenden Verbindungen.

Bevor wir eine Analyse der physiologischen Leistungen des Nervensystems vornehmen, empfiehlt es sich, einen Einblick zu gewinnen in die normalen Lebenserscheinungen von *Mytilus edulis*, soweit sie der Beobachtung zugänglich sind.

Mytilus edulis findet sich im Kieler Hafen in großer Menge an Brücken und Pfählen bis dicht unter dem Wasserspiegel, jedoch auch in etwas tieferem Seewasser auf sandigem und mit Seegras bestandenem Boden. Ich bevorzugte für meine Untersuchungen die letztgenannten Tiere aus der Außenregion der Förde. Sie sind bedeutend größer als die des inneren Hafens, besitzen eine viel dickere Schale und zeigen ferner die Eigentümlichkeit, daß das Nervensystem in fast allen seinen Teilen durch die Haut durchschimmert.

Der Öffnungs- und Schließreflex.

Im Leben jeder Muschel sind zwei Bewegungen von fundamentaler Bedeutung, die erst die zum Leben notwendige Korrelation der Innenwelt mit der Umwelt erlauben, nämlich das Öffnen und Schließen der Schalen.

Die erste Frage, die wir zu stellen haben, ist daher die folgende: *Unter welchen Umständen treten diese Bewegungen ein?* Die wichtigste Bedingung für die Öffnung ist, daß das umgebende Seewasser sauerstoffreich ist und keine schädlichen Stoffe enthält. Dies lehren sehr deutlich die folgenden Beobachtungen:

Bei längerem Aufenthalt der Tiere im durchlüfteten Aquarium macht sich eine merkwürdige Beziehung zwischen der Intensität der Durchlüftung und der Weite der Schalenöffnung, sowie des Hervorstreckens des Branchialsiphos bemerkbar. Die Mehrzahl der von mir beobachteten Tiere reagierte bei sehr guter Durchlüftung mit weitem Schalenöffnen und weitem Hervortreten des Branchialsiphos, während bei schwacher oder abgestellter Durchlüftung die Schalen nur wenig geöffnet oder völlig geschlossen waren; desgleichen war unter diesen Umständen der Branchialsipho nur eben oder überhaupt nicht zu sehen.

Läßt man eine größere Anzahl von Muscheln in einer kleinen offenen Schale mit Seewasser eine Nacht hindurch stehen, so findet man die Tiere am anderen Morgen geschlossen. Bei der Überführung der geschlossenen Muscheln aus dem abgestandenen in frisches, gut durchlüftetes Seewasser von derselben Temperatur (21° C) reagieren sie sehr bald mit Schalenöffnung. Ein nach etlicher Zeit hindurchgeleiteter CO_2-Strom verursacht meist nach 4—5 Minuten, bei einigen Tieren etwas später, Schalenschluß. Manchmal tritt bei einigen Individuen sofort wieder Öffnung ein, die gleich darauf von dem Schließreflex abgelöst wird und zu dem dauernden Schalenschluß führt. Es kann hier der Einwand erhoben werden, daß lediglich die durch die aufsteigenden CO_2-Blasen verursachte Strömung des Wassers den Schließreflex auslöst, mithin eine Reaktion auf einen mechanischen Reiz erfolgt. Dies ist aber nicht der Fall. Denn schon vorher mit CO_2 angereichertes Seewasser, durch das keine Gasblasen durchgeleitet werden, hat dieselbe Schutzreaktion zur Folge. In sehr gut durchlüftetem Seewasser reagierten die ebenerwähnten Versuchstiere nach $1/2$, 2, 4 und $4 1/2$ Minuten mit dem Öffnungsreflex. Alle Versuchstiere streckten jetzt den Mantelrand am Branchialsipho weit hervor; ferner war bei vielen ein rhythmisches Öffnen und Schließen der Schalen zu beobachten. Hierdurch wird eine richtige Durchspülung mit dem frischen Wasser bewirkt und den Kiemen sauerstoffreiches Wasser zugeführt. Merkwürdige Erscheinungen treten in sehr vielen Fällen an den fingerförmigen Verästelungen des Branchialsiphos auf, wenn die geschlossenen Muscheln aus verdorbenem Seewasser in frisches gebracht werden. Während der Öffnung der Schalen sind sie in lebhafter Bewegung, als wenn sie eine Prüfung des Wassers vornehmen würden. Gießt man jetzt schlechtes, abgestandenes Wasser zu, so greifen die zarten Ästchen wie die Finger zweier Hände ineinander. Die Mantelsäume legen sich aneinander, und schließlich erfolgt dann als letzte Bewegung die Kontraktion der Schließmuskeln.

Daß Abwesenheit oder wenigstens Mangel an Sauerstoff eine große Rolle im Leben der Muschel spielt, geht noch aus einem anderen von mir angestellten Versuch hervor. Fünf Muscheln befanden sich in abgekochtem, also sauerstoffarmem Seewasser eines kleinen Aquariums, das durch eine Glasplatte luftdicht abgeschlossen wurde, um dem Sauerstoff der Luft keinen Zutritt zu gewähren. Bei täglicher Beobachtung war immer nur festzustellen, daß die Schalen geschlossen waren. Nach 7, 10 und 11 Tagen waren die Schalen geöffnet und die Muscheln tot. Die Tiere haben also auf den Sauerstoffmangel des Seewassers andauernd mit Schalenschluß reagiert und den Lebensprozeß sicherlich nur durch Spaltungsatmung eine Zeitlang aufrecht erhalten. Sooft die geschilderten Experimente wiederholt wurden, stets ließ sich mit Sicherheit bei Einwirkung von verdorbenem und frischem, gut durchlüftetem Wasser der Schließ- bzw. der Öffnungsreflex auslösen. Abb. 3 stellt einige Versuchstiere dar nach Überführung aus verdorbenem in frisch durchlüftetes Wasser. Man sieht deutlich, wie zweckmäßig die Muscheln sich auf die günstigen Lebensbedingungen eingestellt haben. Der Branchialsipho ist weit geöffnet, seine Verästelungen sind über die Schalen hervorgestreckt und zum Teil der äußeren Schale anliegend. Hierdurch kann das frische Wasser ungehindert in den Schalenraum strömen und den Kiemen Sauerstoff zuführen. Die weite Öffnung des Kloakalsiphos gestattet bequeme Abgabe der Exkrete.

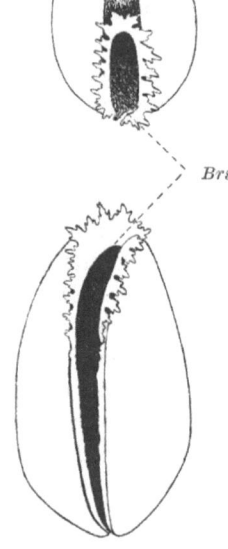

Abb. 3. *Brs.* = Branchialsipho. *Kls.* = Kloakalsipho.

Der bei den bisherigen Versuchen auf chemische Reize hin eintretende *Öffnungsreflex läßt sich noch auf eine andere Art erzwingen*. Zu dem Zwecke feilt man seitlich aus der Schale ein Stück heraus und nimmt nun von innen eine mechanische Reizung der Mantelränder vor, etwa in der Mitte, wo der Fuß durch die Schalen hindurchtritt. Bei der Reizung verfährt man in der Weise, daß man mit einem stumpfen Gegenstand öfters die Mantelränder bestreicht. Während des Streichens öffnet sich die Muschel und schließt sich später. UEXKÜLL gelang ein ähnlicher Versuch bei *Pecten maximus*; er vermochte durch mechanische Reizung des Mundes und seiner Umgebung den Öffnungsreflex zu erzielen.

Bei *Mytilus* liegt die Vermutung nahe, an eine dem Experiment ähnliche Reizung zu denken, wenn bei dem normalen Tier der Fuß aus dem Schalenraum hervortreten will und hierbei in ähnlicher Weise den Mantelrand berührt. Allerdings ist zu bedenken, daß die Intensität des künstlichen Reizes erheblich sein muß, während die natürliche Berührung mit dem Fuß nur eine sehr sanfte sein kann.

Ganz anders ist die Wirkung, wenn wir denselben mechanischen Reiz bei der geöffneten Muschel wirken lassen. In diesem Falle antwortet das Tier prompt mit Schalenschluß und entzieht sich der schädlichen Einwirkung.

Die naheliegende Vermutung, daß ein in den Schalenraum gelangtes Tier, etwa ein Krebs, durch Hin- und Herschwimmen den Mantelrand in analoger Weise reizt wie das beim Versuch angewandte Instrument, ließ sich nicht experimentell bestätigen. Es wurde zu diesem Zwecke mit Hilfe einer Pipette ein kleinerer *Gammarus* in den weit geöffneten Branchialsipho eingeführt. Als Folge war stets zu beobachten, daß sich die Schalen schlossen und für längere Zeit geschlossen blieben.

Endlich sei eine **dritte Art, den *Öffnungsreflex* zu erzwingen**, erwähnt. Völliges Ablassen des Wassers aus dem Schalenraum durch eine seitliche Öffnung in der Schale, die ich bei der mechanischen Reizung des Mantelrandes anbringen mußte, löste in den meisten Fällen den Öffnungsreflex aus.

Der biologisch so wichtige Öffnungs- und Schließreflex kann noch in Anlehnung an normale Umweltreize, wie sie Ebbe und Flut mit sich bringen, an einem anderen Laboratoriumsversuch erläutert werden, indem man in einfacher Weise diese beiden Faktoren nachahmt. Infolge des periodischen Wechsels des Wasserstandes werden die in den höheren Wasserregionen lebenden Muscheln ihren natürlichen Lebensbedingungen entrissen und dem schädlichen Reiz der Trockenheit ausgesetzt. Die natürliche und zweckmäßige Reaktion zum Schutze gegen Eintrocknung ist der Schließreflex, der später bei hohem Wasserstand durch den Öffnungsreflex abgelöst werden kann.

Meine Versuche über den Einfluß längeren Trockenliegens ergaben, daß Muscheln, die 2 Stunden der Trockenheit ausgesetzt wurden, nach Überführung ins Wasser innerhalb einiger Minuten die Schalen öffneten, unter gleichzeitigem Hervortreten der Mantelränder am Branchialsipho. Andere Individuen, die 8 Tage im Trockenen lagen, antworteten im Wasser ebenfalls mit Öffnungsreflex. Dauerte die Trockenperiode noch länger, dann waren die Organe völlig eingetrocknet, wie eine künstliche Öffnung der Schalen zeigte. Eine Wiederbelebung gelang dann im Aquarium nicht mehr.

Beim Öffnungs- und Schließreflex spielt auch die *Beschaffenheit des Wassers im Schalenraum* eine wesentliche Rolle. Dahingehende experimentelle Untersuchungen sind von mir unter möglichster Schonung des Organismus folgendermaßen angestellt worden. Mehrere Muscheln, denen seitlich aus der Schale ein Stück gefeilt wurde, erhielten in einer offenen Schale mit Seewasser eine solche Lage, daß die Wasseroberfläche mit der nach oben orientierten künstlichen Schalenöffnung eine Linie bildete, wie Abb. 4 zeigt.

Durch die Öffnung führte ich verschiedene Flüssigkeiten in den Schalenraum: abgekochtes oder irgendwie verdorbenes Seewasser und frisches, durchlüftetes. Lag die Muschel mit geschlossenen Schalen in verdorbenem oder abgekochtem Seewasser, dann erfolgte nach Einführung frischen Wassers durch die künstliche Öffnung mit einiger Sicherheit Schalenöffnung, an die sich dann natürlich sofort wieder der Schließreflex anschloß. Vermutlich wird also der Muschel das Vorhandensein einwandfreien Wassers im Außenraum gewissermaßen vorgetäuscht. Erfolgt nun die Öffnung, dann kommt sofort der schädliche Reiz des schlechten Wassers zur Wirkung. Infolgedessen tritt als Schutzreaktion der Schließreflex ein.

Umgekehrt verhält sich die Muschel, wenn sie mit weitgeöffneten

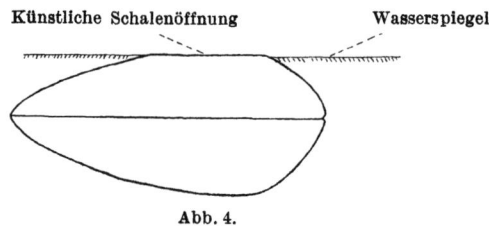

Abb. 4.

Schalen in stark durchlüftetem Wasser liegt und nun verdorbenes Seewasser von oben her in den Schalenraum geführt wird. Das Tier reagiert genau so, wie wenn das schlechte Wasser vom Außenraum einwirkt. Die Schalen schließen sich eine Zeitlang, um sich bald darauf wieder zu öffnen.

Es führen diese Versuche zur Frage nach der *Topographie der chemischen Sinnesorgane*. Als Regel gilt, daß alle exponierten Teile eines Organismus, die ihrer Lage nach besonders häufig den Umweltreizen ausgesetzt sind, besondere Empfindlichkeit zeigen. Demnach wäre hier in erster Linie der Mantelrand zu nennen, der sicherlich in den Verästelungen am Branchialsipho eine Erweiterung der rezeptorischen Hautfläche erfährt und den ich zur näheren Untersuchung bei fünf Muscheln völlig exstirpierte. Bei diesen Versuchstieren war zunächst kein abnormes Verhalten festzustellen; denn sie öffneten, aus abgestandenem in durchlüftetes frisches Wasser gebracht, trotzdem ihre Schalen. Aber etwas mußte doch zum Nachdenken anregen. Die Schalenöffnung, die bei normalen Muscheln durchschnittlich nach 1—5 Minuten erfolgte, trat erst nach 20 Minuten ein. Die operierten Muscheln blieben eine

Nacht hindurch in einer kleinen offenen Schale mit Seewasser. Am anderen Morgen öffneten die geschlossenen Tiere in durchlüftetem frischen Wasser die Schalen so weit, daß die inneren Organe: Fuß, Kiemen und Schließmuskel sichtbar waren. Wenn nun auch wirklich der Mantelrand chemische Sinnesorgane besitzt, die eine Prüfung des eintretenden Wassers vornehmen, so dürften sie allein bei der Reizperzeption nicht in Frage kommen. Es liegt durchaus im Bereiche der Möglichkeit, daß außerdem das bei der Beschreibung des Nervensystems erwähnte *abdominale Sinnesorgan* und das *Osphradium* als Prüfungsorgane des eintretenden Wassers funktionieren. Allerdings ist der experimentelle Beweis für diese Funktion noch zu erbringen. Die versteckte Lage und die geringe Größe der genannten Organe machen es sehr schwer, auf experimentellem Wege dieses Problem zu lösen.

Genau wie die chemische Änderung des Atemwassers wird auch die *Änderung der Temperatur* desselben mit Schließ- bzw. Öffnungsreflex beantwortet.

In einer offenen Schale mit Seewasser von 22,5° C befanden sich mehrere Muscheln mit geöffneten Schalen. Durch vorsichtiges Hinzugießen heißen Wassers stieg die Temperatur unmittelbar auf 34° C. Sofort erfolgte Schalenschluß. Nach einer Abkühlung auf 29° C öffneten zwei Muscheln sofort die Schalen, ohne jedoch den Mantelrand hervorzustrecken. Nach einer weiteren Temperaturverminderung auf 27° C kam auch der Mantelrand aus dem Schalenraum hervor. Sank die Temperatur auf 21,5° C, dann reagierten die Versuchstiere mit weitem Öffnen der Schalen und starkem Hervortreten der Mantelränder, besonders am Branchialsipho mit seinen zarten Verästelungen. Dieselbe typische Reaktion machte sich jetzt auch bei den anderen Versuchstieren bemerkbar, die bei der Abkühlung des Wassers von 34° auf 27° C noch die Schalen geschlossen hielten. Nahm ich jetzt wieder eine plötzliche Temperatursteigerung von 21,5° auf 26° C vor, so trat nach 1—2 Minuten Schließreflex ein; bei schneller Abkühlung auf 22° C reagierten die Muscheln mit Öffnungsreflex, indem gleichzeitig der Mantelrand weit hervorkam.

Es kann hier der Einwand erhoben werden, daß gar keine Reaktion auf Temperaturreize vorliegt, sondern lediglich eine Wirkung des O_2-Gehaltes des Wassers, da heißes Wasser O_2-arm ist.

Zur Beseitigung dieses Zweifels diente der folgende Versuch, bei welchem die Tiere in einem hermetisch verschlossenen Behälter geringerer und höherer Temperatur ausgesetzt wurden. Da der Sauerstoff nicht entweichen kann, bleibt der O_2-Gehalt des Wassers trotz der Erwärmung konstant; die Reaktion des Tieres kann also nur auf die Temperaturdifferenz bezogen werden. Um die Konstanz des Sauerstoffs zu beweisen, wurde zunächst eine O_2-Bestimmung des kalten und erwärmten Wassers vorgenommen. Die hierfür in Frage kommende Methode war die nach WINKLER. Für die Bestimmung wurde frisches, aus der Förde stammendes Seewasser von 12° C genommen. Die Analyse ergab, daß in diesem Wasser von 12° C *ohne Muscheln* 10,915 mg O_2 enthalten waren. Ein mit Gummiringdichtung versehenes, luftdicht verschließbares Gefäß von 1100 ccm Inhalt wurde weiterhin mit demselben Wasser von 12° C gefüllt und nun eine langsame Erwärmung von 12° auf 31° C vorgenommen, derart, daß das Gefäß *ohne Muscheln* in einen Topf warmen Wassers von 47° C gestellt wurde. Nach 20 Minuten zeigte das Wasser im Gefäß eine Temperatur von 31° C, bei der nach den früheren Versuchen im Winter die Schalen der Muscheln sich schlossen. Die sofortige O_2-Bestimmung ergab den Wert 10,445 mg O_2. Demnach ist, wie vorauszusehen, durch Temperatursteigerung des Wassers von 12° auf 31° C 10,915—10,445 mg O_2 = 0,470 mg O_2 entwichen, also ein verschwindend kleiner Betrag.

Zur Prüfung des O_2-Verbrauches *durch vier Muscheln* von $5^1/_2$ cm Länge legte ich diese in das erwähnte Gefäß mit Seewasser von 12° C und stellte es mit den darin enthaltenen weitgeöffneten Muscheln in den Topf mit Wasser von 42° C. Nach 20 Minuten zeigte das Wasser mit den vier Versuchstieren eine Temperatur von 31° C. Die Schalen schlossen sich konstant bei 29—31° C. Die gleich darauf vorgenommene O_2-Bestimmung ergab 8,878 mg O_2. Mithin beträgt der O_2-Verbrauch der vier Muscheln während der Zeit von 20 Minuten 10,445—8,878 mg O_2 = 1,567 mg O_2. Für jede Muschel käme dann durchschnittlich 0,392 mg O_2 pro 20 Minuten in Frage. Demnach wurde von jeder Muschel in 1 Stunde bei 12—31° C 1,176 mg O_2 absorbiert. Zieht man in Betracht, daß Temperatursteigerung — in unserem Falle von 12° auf 31° C — die Intensität des Stoffwechsels sehr erhöht, so liegt hier für den O_2-Verbrauch der vier Muscheln ein sehr geringer Wert vor. Dies beweist, daß der Stoffwechsel der Tiere selbst in der kurzen Versuchszeit das Wasser nur so wenig verändert, daß die Stoffwechselprodukte nicht gut das Schließen der Schalen bewirkt haben können. Es ist daher der Schluß berechtigt, daß im vorliegenden Fall der Schließ- bzw. Öffnungsreflex als Reaktion auf Temperaturreize zu definieren ist.

Es ist lohnenswert, die bei allmählicher Temperatursteigerung auftretenden Abwehrreaktionen der geöffneten Muscheln einer näheren Betrachtung zu unterziehen.

Eine kleine offene Schale mit Seewasser von 13° C und darin enthaltenen geöffneten Muscheln wurde auf einem Wasserbad erwärmt. Nach 22 Minuten war die Temperatur des Wassers in der Schale von 13° auf 18° C gestiegen. Ein Tier reagierte jetzt mit rhythmischem Schließen und Öffnen der Schalen, wobei im Augenblick des Schalenschließens ein kräftiger Wasserstrom sich nach außen ergoß. Bei 25° C nahm diese Erscheinung an Lebhaftigkeit zu, bis gleich darauf endgültig Schalenschluß erfolgte. Ein anderes Versuchstier antwortete bei 25° C mit denselben schnell aufeinanderfolgenden Schließ- und Öffnungserscheinungen und schloß dann sofort den Schalenraum. Zwei weitere Muscheln sprachen bei 27° C mit rhythmischem Schließ- und Öffnungsreflex an und hielten von 28° C an die Schalen konstant geschlossen. Eine Wiederholung dieser Versuche an anderen Tieren mit einer Ausgangstemperatur von 14,5° und 17,5° C ergab, daß das typische, schnell hintereinander folgende Schließen und Öffnen der Schalen bei 26—28° C einsetzte und hierauf endgültig Schalenschluß erfolgte.

Die Rhythmik im Auftreten des Schließ- und Öffnungsreflexes legt die Vermutung nahe, daß das Schließen der Schalen ein Abwehrreflex gegen die zu hohe Temperatur ist, das Öffnen dagegen dem Bestreben des Tieres gilt, mehr Sauerstoff zu erhalten, gemäß dem höheren Bedürfnis. So pendelt die Muschel in ihrem Reaktionsmechanismus fortwährend zwischen diesen zwei Reizen hin und her, und zwar so lange, bis der Wärmereiz an Intensität zunimmt und damit der Schließreflex überwiegt.

Im Laufe meiner Untersuchungen zeigte sich eine merkwürdige *Beziehung zwischen der Schlagfrequenz des Herzens und dem Geöffnet- und Geschlossensein der Schalen.* Wie mir später bekannt wurde, hat W. Koch schon vorher ein ähnliches Abhängigkeitsverhältnis für *Anodonta* beobachtet.

Bei geschlossenen Schalen schlägt das Herz viel langsamer als bei geöffneten. Außerdem war bei *Mytilus* in den meisten Fällen eine Zunahme der Amplitude der Pulsationen zu beobachten. Diese merkwürdige Tatsache scheint bisher nur für *Anodonta* und für *Mytilus* bekannt zu sein, dürfte aber wohl für die meisten Muscheln gelten.

Koch fand für *Anodonta* als Mittelwert vieler Versuche, die sich über 6 Monate hin erstreckten, bei Zimmertemperatur (14—16° C) die Pulszahl von 4,615 pro Minute bei *vollkommen geöffneten* Schalen. Bei *geschlossenen* Schalen dagegen nur 1,352 Schläge in der Minute. Es pulsiert also das Herz bei *geöffneten* Schalen vier- bis fünfmal so schnell als bei *geschlossenen*.

Ich teile hier einen *Versuch* Kochs mit (Tier Nr. 46, Temperatur 15° C):

Zeit		Schlagfrequenz pro Minute
9ʰ48′ geöffnet		6,33
10ʰ00′ ,,		6,87
10ʰ05′ ,,		7,23
10ʰ15′ Beginn d. Schließens		5,66
10ʰ25′ ,,	,,	5,21
10ʰ35′ ,,	,,	3,85
11ʰ00′ ,,	,,	3,85
12ʰ00′ fest geschlossen		3,47
2ʰ20′ ,,	,,	2,61

Die für meine Untersuchungen in Frage kommenden Tiere waren 1—2 cm lang. Sie bieten gegenüber größeren Muscheln den Vorteil, daß ihre Schalen dünn und in weitgehendem Maße durchsichtig sind. Infolgedessen ist eine dauernde Beobachtung des Herzschlages im lebenden Organismus möglich. Solche Muscheln wurden in einer offenen Glasschale mit Seewasser auf einen Dreifuß gestellt. Zur Aufhellung der inneren Organe war unter der Schale eine Glühbirne angebracht. Auf diese Weise ließ sich eine deutliche Beobachtung des Herzschlages ermöglichen. In den folgenden Versuchen fällt die weit höhere Frequenzzahl von *Mytilus* gegenüber der von *Anodonta* auf. Wahrscheinlich ist diese Verschiedenheit darauf zurückzuführen, daß Koch im allgemeinen nur Tiere von 7—13 cm Länge verwendete, während für meine Untersuchungen Tiere von 1—2 cm Länge herangezogen wurden.

Versuch mit Mytilus edulis. Tier A. ($1^1/_2$ cm lang)
Temperatur $13^1/_4$ °C.

Zeit		Schlagfrequenz pro Minute	Zeit		Schlagfrequenz pro Minute
$11^h30'$	geöffnet	38	$2^h04'$	geschlossen	27
$11^h35'$	,,	37	$2^h06'$	,,	21
$11^h40'$	,,	38	$2^h10'$	,,	15
$11^h45'$	,,	37	$2^h13'$	,,	19
$11^h50'$	,,	37	$2^h15'$	,,	16
$11^h55'$	,,	37	$2^h18'$	,,	15
$12^h00'$	,,	38	$2^h21'$	,,	15
$12^h05'$	,,	39	$2^h25'$	,,	14
$12^h10'$	,,	39	$2^h30'$	,,	12
$12^h15'$	,,	40	$2^h35'$	,,	12
$12^h20'$	,,	38	$2^h40'$	,,	11
$12^h35'$	,,	40	$2^h50'$	,,	9
$1^h50'$	,,	39	$2^h53'$	,,	8
$2^h00'$	geschlossen		$3^h00'$	,,	7
$2^h02'$	,,	30			

Versuch mit Tier A am folgenden Tage.
Temperatur 15° C.

Zeit		Schlagfrequenz pro Minute	Zeit		Schlagfrequenz pro Minute
$12^h30'$	geöffnet	38	$1^h35'$	geöffnet	41
$12^h35'$	,,	40	$1^h50'$	geschlossen	
$12^h40'$	,,	40	$2^h15'$	,,	11
$12^h45'$	,,	40	$2^h18'$	,,	11
$12^h47'$	,,	39	$2^h25'$	,,	11
$1^h05'$	,,	39	$2^h35'$	,,	10
$1^h10'$	,,	40	$2^h40'$	,,	11
$1^h15'$	,,	41	$2^h45'$	,,	10
$1^h20'$	,,	41	$2^h50'$	,,	10
$1^h25'$	,,	41	$3^h30'$	,,	10
$1^h30'$	,,	41			

Beiträge zur Nervenphysiologie von Mytilus edulis. 501

Wie bereits erwähnt, brachte ich zur deutlichen Wahrnehmung der Pulsationen unter der Glasschale mit den darin enthaltenen Versuchstieren eine Glühbirne an und regulierte den Abstand in der Weise, daß durch die Wärmestrahlung eine ganz allmähliche Temperatursteigerung des Wassers eintrat. Auf Grund dieser Versuchsanordnung war es möglich, den bei allen physiologischen Prozessen wichtigen Faktor der Temperatur in seiner Wirkung auf die Herztätigkeit zu prüfen. Die aus meinen Beobachtungen hervorgegangenen Zahlenwerte lasse ich folgen:

Versuch mit Tier B ($1^{1}/_{2}$ cm lang).

Temperatur des Wassers		Schlagfrequenz pro Minute	Temperatur des Wassers		Schlagfrequenz pro Minute
22° C	geöffnet	72	$27^{1}/_{2}$° C	geöffnet	88
$23^{1}/_{4}$° C	,,	80	30 ° C	geschlossen	66
$26^{1}/_{2}$° C	,,	83	30 ° C	,,	33
27° C	,,	86			

In einer mit strömendem Leitungswasser gefüllten Glasschale, in die das Gefäß mit dem Versuchstier gestellt wurde, fand eine ganz allmähliche Abkühlung von 30° auf 23° C statt; gemäß den früher gemachten Beobachtungen trat gleichzeitig Schalenöffnung ein.

Fortsetzung des Versuches mit Tier B.

Temperatur des Wassers			Schlagfrequenz pro Minute
23° C	geöffnet		68
$23^{1}/_{2}$° C	,,		73
$24^{1}/_{2}$° C	,,		77
25° C	,,		80
$25^{1}/_{2}$° C	,,		85
$25^{3}/_{4}$° C	,,		85
26° C	,,		87
$29^{1}/_{2}$° C	geschlossen		50
$30^{1}/_{2}$° C	,,		41
$31^{1}/_{4}$° C	,,	(längere Zeit)	17
$31^{1}/_{4}$° C	,,	,, ,,	16
$31^{1}/_{4}$° C	,,	,, ,,	15
29° C	geöffnet		87
$29^{1}/_{2}$° C	,,		90
$29^{1}/_{2}$° C	geschlossen		57
$29^{1}/_{2}$° C	,,		51
$29^{1}/_{2}$° C	geöffnet		72
$29^{3}/_{4}$° C	,,		63
$29^{3}/_{4}$° C	geschlossen		52
$31^{1}/_{4}$° C	,,		14
$31^{1}/_{2}$° C	,,		14

Auffällig ist hier besonders, daß bei einer Temperatur von $31^{1}/_{2}$° C der Herzschlag der *geschlossenen* Muschel 14 beträgt. Demnach spielt hier der Zustand des Geöffnet- oder Geschlossenseins der Schalen eine viel wichtigere Rolle als die Temperatur selbst. In diesem Sinne ist auch der folgende von KOCH mit *Anodonta* angestellte Versuch zu deuten:

Temperatur	Schlagfrequenz pro Minute		
	geschlossen	halbgeöffnet	geöffnet
14° C	1,26	2,23	3,95
15° C	1,38	2,62	4,65
16° C	1,42	3,00	5,04

Versuch mit Mytilus. Tier C.
(5 cm lang, mit durchsichtigen Schalen.)

Temperatur des Wassers		Schlagfrequenz pro Minute
21° C	geöffnet	42
$21^{1}/_{4}$° C	,,	42
22° C	geschlossen	37
$23^{3}/_{4}$° C	,,	44
$24^{1}/_{2}$° C	,,	40

Versuch mit Mytilus. Tier D. ($1^{1}/_{2}$ cm lang).
Temperatur 12° C.

Zeit		Schlagfrequenz pro Minute
$5^{h}05'$	geöffnet	27
$5^{h}07'$	,,	26
$5^{h}10'$	,,	27
$5^{h}45'$	,,	27

Versuchen wir die merkwürdige Beziehung zwischen Schalenschluß bzw. -öffnung zu analysieren. Koch kommt auf Grund seiner Untersuchungen an *Anodonta* zu folgender Auffassung: ,,Aus allen Versuchen müssen wir schließen, daß die Herabsetzung der Herzfrequenz beim Schließen der Schalen nicht durch den Sauerstoffmangel bewirkt wird. Meiner Ansicht nach können nur zwei Ursachen in Frage kommen: 1. Der Vorgang ist rein willkürlich; 2. er beruht auf einer Anhäufung von Stoffwechselprodukten."

Statt ,,willkürlich" wird man besser *reflektorisch* sagen. Eine Anhäufung von Stoffwechselprodukten kann dagegen nur als sogenannter *Blutreiz* wirken, d. h. die wirksamen Stoffe teilen sich auf dem Blutwege dem Nervensystem mit und gelangen erst hiernach zur Wirkung. Versucht man zwischen diesen beiden Alternativen eine Wahl vorzunehmen, so kann zunächst die Geschwindigkeit des Reaktionseintritts als Kriterium benutzt werden. Reflexe treten meist sofort nach dem Reize auf; Blutreize bedürfen dagegen einer gewissen Zeit, derjenigen nämlich, die vergeht, bis der wirksame Stoff das Zentralnervensystem erreicht.

Bei den jetzt folgenden Versuchen kam es mir darauf an, eine Zählung der Pulsationen unmittelbar nach Schalenschluß und -öffnung vorzunehmen.

Versuch mit Mytilus Tier D (1½ cm lang).

Zeit		Schlagfrequenz pro Minute	Temperatur des Wassers
5ʰ05′ geöffnet		27	12° C
5ʰ07′ „		26	„
5ʰ10′ „		27	„
5ʰ15′ „		27	„
5ʰ45′ „		27	„
		Schlagfrequenz pro Minute	Temperatur des Wassers
5ʰ55′ geöffnet		28	12½° C
	Schalenschluß	17	„
	Schalenöffnung	28	„
	Schalenschluß	16	„
	Öffnung	28	„
1—5 Sekunden nach	Schalenschluß	17	„
	Öffnung	27	„
	Schalenschluß	17	„
	Öffnung	29	„
	Schalenschluß	16	„
	Öffnung	28	„

Mytilus. Tier E (2 cm lang).

	Schlagfrequenz pro Minute	Temperatur des Wassers
Öffnung	34	14¾° C
1—5 Sekunden nach Schalenschluß	16	„

Mytilus. Tier F (2 cm lang).

	Schlagfrequenz pro Minute	Temperatur des Wassers
Öffnung	28	13½° C
1—5 Sekunden nach Schalenschluß	21	„

Mytilus. Tier G (2½ cm lang).

	Schlagfrequenz pro Minute	Temperatur des Wassers
Öffnung	31	14¾° C
1—5 Sekunden nach Schalenschluß	21	„

Aus diesen Versuchen ist ersichtlich, daß die Reaktion mindestens sehr schnell eintritt; sie können daher als ein starkes Argument zugunsten derjenigen Theorie betrachtet werden, die die Beziehung zwischen Herzschlag und Schalenschluß als reflektorisch betrachtet. Für sie spricht auch die Beobachtung Kochs, daß künstlich geöffnete Muscheln eine geringere Frequenz zeigen als solche, die von selbst ihre Schalen öffnen. Man könnte sich vorstellen, daß Sperrung des Schließmuskels Verringerung der Herzschlagfrequenz, Entsperrung Vergrößerung derselben bewirkt.

Im Sinne unserer Auffassung von dem reflektorischen Bedingtsein der Abnahme des Herzschlages verlaufen auch die folgenden Versuche. In dem Experiment an Tier *H* mit *geschlossenen* Schalen wurde für die

Zirkulation des Atemwassers in der Weise gesorgt, daß beiderseits aus Schale und Mantel ein Stück geschnitten wurde, mithin die Kiemen frei dalagen. Außerdem fand zeitweise eine Durchlüftung des Wassers statt oder mit Hilfe einer Pipette wurde der Versuchsschale öfters Wasser entnommen und wieder eingespritzt. Eine um die Schalen gelegte Klammer sorgte für konstanten Schalenschluß.

Versuch mit Mytilus. Tier H.

	Zeit		Schlagfrequenz pro Minute		Temperatur des Wassers
	$11^h15'$	geschlossen	20	Kiemen frei	14° C
	$11^h20'$	,,	17	,,	,,
	$11^h23'$	,,	15	,,	,,
	$11^h25'$	,,	15	,,	,,
	$11^h32'$	,,	14	,,	,,
	$11^h43'$	,,	12	,,	,,
	$11^h50'$	,,	*12*	,,	,,
durchlüftet von	$11^h55'$	,,		,,	,,
bis	$12^h05'$	,,		,,	,,
	$12^h06'$	,,	21	,,	,,
	$12^h10'$	,,	20	,,	,,
	$12^h13'$	,,	17	,,	,,
	$12^h20'$	,,	*12*	,,	,,
durchlüftet von	$12^h21'$	,,		,,	,,
bis	$12^h29'$	,,		,,	,,
	$12^h30'$	,,	22	,,	,,
	$12^h32'$	,,	21	,,	,,
	$12^h35'$	,,	17	,,	,,
	$12^h38'$	,,	12	,,	,,
	$12^h40'$	,,	11	,,	,,
	$12^h42'$	,,	10	,,	,,
	$12^h44'$	,,	*8*	,,	,,
durchlüftet von	$12^h45'$	,,		,,	,,
bis	$2^h48'$	,,		,,	,,
	$2^h49'$	,,	20	,,	$13^3/_4$° C
	$2^h53'$	,,	15	,,	,,
	$2^h55'$	,,	9	,,	,,
	$3^h00'$	,,	7	,,	,,
Anwendung der Pipette					
	$3^h06'$	,,	11	,,	,,
	$3^h13'$	,,	7	,,	,,
	$3^h16'$	,,	10 (Pip.)	,,	,,
	$3^h21'$	,,	14 (Pip.)	,,	,,

Es fällt auf, daß die Durchlüftung einen so starken Erfolg hat, daß die Herzschlagfrequenz im Anschluß an sie von 12 auf 21, von 12 auf 22, von 8 auf 20 steigt. Da jede Durchlüftung eine gewisse Wasserbewegung zur Folge hat und infolgedessen die etwa vorhandenen Stoffwechselprodukte leicht aus dem Schalenraum fortgeschwemmt werden können, liegt es in der Tat nahe, an einen Einfluß des Stoffwechsels im Sinne der Blutreiztheorie zu glauben. Sehr merkwürdig ist auch die Tatsache, daß während längerer Periode des Geschlossenseins die Herzschlagfrequenz dauernd abnimmt; z. B. bei Tier H von 20 auf 12, von 21 auf 12, von 22 auf 8, von 20 auf 7. Auch hier könnte man zunächst einen Einfluß des allmählich sich verringernden Stoffwechsels annehmen, wäre nicht gerade dieses Versuchstier beiderseits geöffnet und somit respiratorisch unter den denkbar günstigsten Bedingungen. Der Schluß, daß Stoffwechsel und Blutreize eine Rolle spielen, ist also auch hier keineswegs zwingend.

Ob die Reflex- oder die Blutreiztheorie richtig ist, muß das Verhalten der Muscheln in großer und kleiner Wassermenge entscheiden. Denn der Aufenthalt in einer sehr engbegrenzten, ihnen dargebotenen Wassermenge führt zu einer stärkeren Konzentration und demnach intensiveren Reizwirkung der Stoffwechselprodukte, als wenn die Tiere in einem mit reichlich Wasser versehenen großen Gefäß gehalten werden, das eine Verteilung der Abbauprodukte gestattet.

Ist also die Blutreiztheorie richtig, so muß die *geöffnete Muschel in kleiner Wassermenge* sehr bald die niedrige Frequenz der *geschlossenen Muschel in großer Wassermenge* zeigen. Besteht dagegen die Reflextheorie zu Recht, so muß die Frequenz im ersten Falle die normale Höhe beibehalten.

Experimente dieser Art sind von mir wiederholt mit dem Ergebnis angestellt, daß kein Grund zur Annahme der Blutreiztheorie vorhanden ist (siehe S. 505 und 506). Als Beweis hierfür kann auch die entsprechende Beobachtung Kochs an *Anodonta* dienen, daß selbst bei längerem Aufenthalt in einem kleinen Becken keine Abnahme der Herzschlagfrequenz eintrat.

Für die beiden folgenden Versuche mit *Mytilus* kam ein größeres Gefäß mit 101 *ccm* und ein sehr kleines mit 1 *ccm* Wasserinhalt zur Anwendung. Das Volumen von *Tier V* betrug $1/2$ *ccm*, von *Tier Z* $2/5$ *ccm*.

Versuch mit Mytilus. Tier V.
Großes Gefäß.

Zeit		Schlagfrequenz pro Minute	Temperatur des Wassers
$3^h26'$	*geöffnet*	38	$18^1/_4°$ C
$3^h32'$	,,	38	,,
$3^h37'$	,,	38	,,
$3^h42'$	,,	39	,,
$3^h48'$	,,	40	,,
$3^h54'$	,,	40	,,
$3^h58'$	,,	40	,,
$4^h02'$	,,	40	,,
$4^h07'$	,,	40	,,

Zeit	Kleines Gefäß Schlagfrequenz pro Minute	Temperatur des Wassers
4ʰ10′ geöffnet	40	,,
4ʰ18′ ,,	40	,,
4ʰ23′ ,,	40	,,
4ʰ29′ ,,	40	,,
4ʰ35′ ,,	40	,,
4ʰ40′ ,,	40	,,
4ʰ43′ ,,	40	,,
4ʰ48′ ,,	40	$18 1/4°$ C
4ʰ51′ ,,	40	,,
	Großes Gefäß	
4ʰ55′ geschlossen	32	,,
5ʰ00′ ,,	15	,,
5ʰ02′ ,,	13	,,
5ʰ05′ ,,	11	,,
5ʰ12′ ,,	7	,,
5ʰ15′ ,,	4	,,
5ʰ16 1/2′ geöffnet	25	,,
5ʰ19′ ,,	39	,,
5ʰ21′ ,,	40	,,
5ʰ26′ ,,	40	,,

Versuch mit Mytilus. Tier Z.

Zeit	Großes Gefäß Schlagfrequenz pro Minute	Temperatur des Wassers
11ʰ30′ geöffnet	26	$13 1/2°$ C
11ʰ32′ ,,	27	,,
11ʰ35′ ,,	27	,,
11ʰ40′ ,,	27	,,
11ʰ48′ ,,	27	,,
11ʰ50′ ,,	27	,,
11ʰ54′ ,,	27	,,
11ʰ56′ ,,	27	,,
	Kleines Gefäß	
12ʰ05′ geöffnet	32	$15 1/2°$ C
12ʰ12′ ,,	32	,,
12ʰ15′ ,,	32	,,
12ʰ18′ ,,	32	,,
12ʰ24′ ,,	32	,,
12ʰ31′ ,,	32	,,
12ʰ35′ ,,	32	,,
12ʰ39′ ,,	32	,,
12ʰ44′ ,,	32	,,
12ʰ51′ ,,	29	,,
12ʰ55′ ,,	31	,,
12ʰ58′ ,,	32	,,
1ʰ02′ ,,	32	,,
1ʰ10′ ,,	32	,,

Zeit	Großes Gefäß Schlagfrequenz pro Minute	Temperatur des Wassers
1ʰ15′ geschlossen	25	13$^1/_2$° C
1ʰ18′ ,,	22	,,
1ʰ21′ ,,	20	,,
1ʰ24′ ,,	15	,,
1ʰ28′ ,,	15	,,

Mit diesen Versuchen scheint einwandfrei bewiesen zu sein, daß die Abhängigkeit der Herzschlagfrequenz von dem Geschlossen- und Geöffnetsein der Schalen nur reflektorisch zu erklären ist. Die auffallende Erscheinung der allmählichen Verringerung der Herzschlagfrequenz nach Schalenschluß ist wohl nur in dem Sinne zu verstehen, daß die Wirkung der Außenreize, die bei geöffneter Schale gesetzt sind, allmählich abklingt.

Im Anschluß hieran sei die merkwürdige, leider nur in zwei Fällen beobachtete Erscheinung erwähnt, daß die äußeren und inneren Kiemen als Ganzes sich rhythmisch einander nähern und wieder auseinanderweichen. Dieser meines Wissens bisher noch nicht bekannte Kiemenschlag zeigt wie das Herz eine weitgehende Abhängigkeit von der Temperatur. Ob zwischen Herz- und Kiemenschlag Synchronismus besteht, ist vorläufig nicht zu entscheiden, da mir eine gleichzeitige Beobachtung beider nicht möglich war. Es gelang mir nicht, die Kiemenbewegungen später noch einmal zu beobachten. Wir müssen uns darum vorläufig begnügen mit der Feststellung der an sich schon merkwürdigen rhythmischen Bewegungen der Kiemenblätter. Zweifellos ist mit diesem sozusagen respiratorischen Bewegungsrhythmus eine ausgiebige Ventilation der Kiemen verbunden. Der Kiemenschlag fiel mir zum erstenmal (Tier P) bei einer sehr weit geöffneten Muschel auf. Durch langsame Temperatursteigerung in der früher erwähnten Weise ließen sich folgende Werte feststellen:

Tier P (5 cm lang).

Temperatur	Kiemenschlag pro Minute
21° C	45
22$^1/_2$° C	48
23° C	49
26° C	54
26° C	54

Tier M (6 cm lang).

Temperatur	Kiemenschlag pro Minute
21$^1/_2$° C	48
22$^1/_2$° C	53
26° C	58

Vergegenwärtigen wir uns, daß die *geöffnete* Muschel (Tier C) (siehe S. 502) von 5 cm Länge bei einer Temperatur von 21° C die *Herzschlagfrequenz* 42 zeigte, während in dem obenerwähnten Beispiel (Tier *P*) der Kiemenschlag bei derselben Größe des Versuchstieres und gleicher Temperatur den Wert 45 anzeigte, so läßt sich daran vielleicht die Vermutung anknüpfen, daß Herz und Kiemen isochron schlagen.

Der Synchronismus zwischen vorderem und hinterem Schließmuskel.

Der bereits so oft erwähnte Öffnungs- und Schließreflex legt uns die Frage vor, ob zwischen dem kleineren vorderen und dem sehr viel größeren hinteren Adduktor Synchronismus vorhanden ist. Besteht der Satz von der Korrelation der Teile im Organismus zu Recht, so ist a priori einleuchtend, daß beide Adduktoren parallel arbeiten. Immerhin ist es notwendig, diese Annahme experimentell zu beweisen. Die Versuchsanordnung war die folgende:

Bei mehreren Muscheln wurden die Schalen ringsum so durchgefeilt, daß zwei völlig voneinander getrennte Schalenhälften, eine vordere und eine hintere, entstanden, von denen jede mit einer Hälfte des elastischen Schloßbandes versehen war (siehe Abb. 5). Es besteht also jetzt zwischen den beiden Schließmuskeln nur noch eine *nervöse* Verbindung. Diese Methode erlaubt uns die Entscheidung der Frage, ob beide Muskeln durch nervöse Erregungsimpulse synchron in Funktion treten oder ob der eine, etwa der größere hintere Adduktor, durch seine Kontraktion nur einen mechanischen Reiz für den kleineren Adduktor setzt.

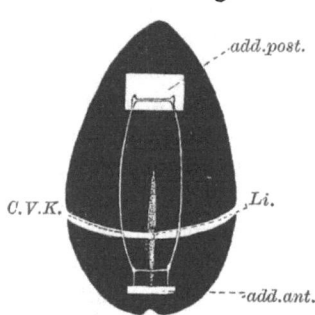

Abb. 5. *add.ant.* = Adductor anterior mit Cerebralganglien. *add.post.* = Adductor posterior mit Viszeralganglien. *Li* = Ligament. *C.V.K.* = Cerebroviszeralkonnektiv.

Die so operierten Tiere zeigten im Aquarium deutlich den Synchronismus beider Adduktoren. Die Expansion des vorderen Muskels entsprach gleichzeitig der des hinteren, was darin zum Ausdruck kam, daß beide Schalenhälften den Öffnungsspalt zeigten. Mechanische Reizung des Mantelrandes wurde von beiden Muskeln gleichzeitig mit dem Schließreflex beantwortet.

Das *nervöse Bedingtsein des Synchronismus beider Muskeln* kann auch durch den folgenden Versuch sichergestellt werden:

Streicht man vom Innern des Schalenraums durch eine seitliche Öffnung einigemal kräftig den Mantelrand, dann erfolgt der Öffnungsreflex in beiden Schalenhälften gleichzeitig.

Die Tätigkeit des Fußes während des Spinnens.

Mytilus edulis besitzt, wie viele verwandte Muscheln, die Fähigkeit, sich mit Hilfe eines sogenannten Byssus am Substrat festzuspinnen. Das Tier kann sich nach Belieben wieder von seinem Byssus loslösen und mit Hilfe des Fußes frei umherkriechen. Letztere Fähigkeit ermöglicht es der Muschel, die weniger sauerstoffreichen tieferen Wasserschichten mit der stets in Bewegung befindlichen und daher sauerstoffreicheren oberen Wasserregion zu vertauschen und sich hier mit Hilfe des Byssus festzuspinnen. Beobachtungen ergaben, daß die kleineren Muscheln vom Boden des Aquariums an den Wänden emporkrochen und sich dicht an der Wasseroberfläche festspannen. Die Kriechbewegungen begannen fast regelmäßig, wenn nach längerem Stillstand die Durchlüftung wieder angestellt wurde. Weiterhin deuten alle Anzeichen darauf hin, daß Muscheln, die beispielsweise mit einem Byssusfaden oder mit nur wenigen an der Aquariumwand befestigt sind und frei im Wasser hängen, durch Anstellen des Durchlüftungsapparates zur Spinntätigkeit veranlaßt werden können.

Für die Spinnfunktion ist der Fuß differenziert in einen proximal gelegenen Teil, der die Byssusdrüse trägt, und in einen distalen, auch als Spinnfinger bezeichneten Teil, der mit einer Rinne versehen ist. Schickt sich das Tier zur Spinntätigkeit an, dann kommt der stark in die Länge gestreckte muskulöse Fuß aus dem Schalenraum hervor. Er tastet zunächst im Wasser hin und her und legt sich dann an die gefundene Unterlage an. Nach einiger Zeit bemerkt man in der Fußrinne einen weißen Faden, der am Ende eine flächenartige Erweiterung erfährt und von der Fußspitze mit eben diesem verbreiterten Fadenende an dem Substrat befestigt wird. Kurze Zeit verharrt der Fuß noch auf der Unterlage, als wolle er abwarten, bis das Sekret der Byssusdrüse im Wasser erhärtet und das abgeplattete Ende des Fadens fest mit der Unterlage verbunden ist. Ist der Byssusfaden fertig, dann zieht sich der Fuß meist in den Schalenraum zurück. Mitunter kriecht er aber auch auf dem Substrat weiter und setzt die Spinntätigkeit unmittelbar fort. Die Beobachtung lehrt nun, daß *Mytilus* die Byssusfäden nicht regellos anspinnt, sondern derart, daß schließlich eine ganz regelmäßige strahlige Anordnung resultiert, die geradezu an das Netz der Kreuzspinne erinnert. Diese Regelmäßigkeit ist es, die uns das Spinnen von *Mytilus* zu einem nervenphysiologischen Problem macht.

Wollen wir diese interessante Erscheinung analysieren, so erscheint als der gangbarste Weg die direkte Beobachtung, in welcher Reihenfolge das Tier die Fäden spinnt. Die beigefügten Figuren in Abb. 6 zeigen eine Reihe derartiger Befunde. Sie lehren, daß in der Regel zwei aufeinanderfolgende Spinnfäden miteinander einen ziemlich großen Winkel einschließen. Man beachte die Fäden 1 und 2 in den Fig. 5, 7, 8, 9; weiterhin die Fäden 1, 2, 3, 4 in Fig. 6. Daneben ist allerdings auch zu beobachten, daß etliche nacheinander gesponnene Fäden ganz dicht beieinander liegen, so daß es fast aussieht, als wolle das Tier mehrmals hintereinander genau an derselben Stelle spinnen (siehe Fig. 1 Fadengruppe 2, ferner 4, 5, 6, 7; Fig. 7 Fadengruppe 4, 5, 6, 7; Fig. 12 Fadengruppe 1, 2, 3). (Die nicht numerierten und gestrichelten in Fig. 1 sind während meiner Abwesenheit gesponnen.) Aber wenn dies beendet ist, macht der Fuß stets einen großen Winkel, um den nächsten Faden zu befestigen. Die Durchmusterung einer gut strahligen Anordnung, wie sie Fig. 1 zeigt, läßt an dem aufgestellten Gesetz der Divergenz zeitlich aufeinanderfolgender Fäden kaum einen Zweifel aufkommen. Diese Erscheinung hat natürlich ein bestimmtes Verhalten der den Fuß versorgenden Muskeln zur Voraussetzung. Abb. 2, S. 491 zeigt die Muskulatur des Fußes und der Byssusdrüse.

Hat die Muschel beispielsweise die Fadengruppe 2 (Fig. 1 in Abb. 6) gesponnen, dann mußte sich hierbei der stark in die Länge gedehnte Fuß nach rechts neigen. Infolgedessen mußte sich von den beiden Fußretraktoren der rechte kontrahieren und der linke expandieren. Zur Fertigstellung von Faden 3 (Fig. 1) muß sich nun der Fuß nach links neigen. Also expandiert sich der vorher kontrahierte rechte Fußretraktor, und der linke kontrahiert sich. Verfolgen wir das Spinnen weiter, so werden wir immer wieder die Beobachtung machen, daß der Fuß nach Anheftung eines oder einiger Fäden in einer bestimmten Richtung die Tendenz hat, sich nach einer ganz anderen, oftmals entgegengesetzten Richtung auszustrecken, d. h. denjenigen Muskel zu kontrahieren, der vorher expandiert war. Bei diesem Wechselspiel der Bewegung bespinnt somit der Fuß allmählich das ganze ihm zur Verfügung stehende Substrat.

Ein merkwürdiges Verhalten zeigte das in Fig. 2, Abb. 6 angegebene Tier. Nach Anheftung von Faden 9 neigte sich der Fuß nach dem bereits gesponnenen Faden 3 herüber. Viermal hintereinander bemühte sich die Muschel vergebens, hier einen Faden zu spinnen. Darauf trat eine Wendung nach Faden 8 ein. Abermals schlug der Versuch, bei 8 sich festzuspinnen, fehl. Jetzt erfolgte die Rückkehr nach 3, ohne jedoch hier einen Spinnfaden festzukleben. Auf eine Rückwendung nach 8 gelang schließlich die Fertigstellung von Faden 10. Es besteht die Möglichkeit, daß eine zu glatte Wand schlechte Anheftungsbedingungen bot. Immerhin besteht das Auffällige an diesem sozusagen gesetzmäßigen Verhalten darin, daß die Wahl, sich festzuspinnen, allein auf Faden 8 und 3 gerichtet ist. Die nähere Ursache liegt wohl nur in dem bereits erwähnten Wechselspiel der Fußretraktoren.

Da die Byssusdrüse ein für die Drüsenfunktion differenzierter Teil

Beiträge zur Nervenphysiologie von Mytilus edulis. 511

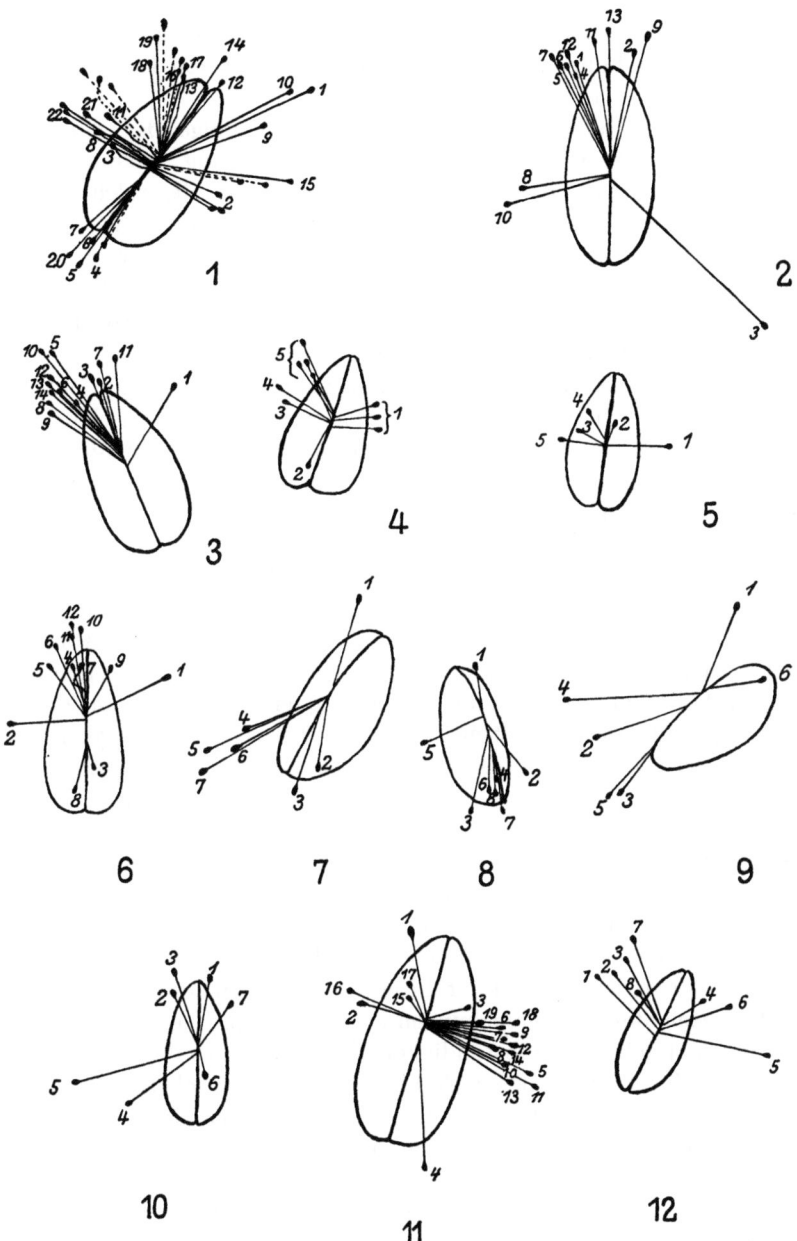

Abb. 6. Reihenfolge der Byssusfäden.

des Fußes ist, so ist es eine biologische Notwendigkeit, daß Parallelität zwischen Kontraktion des linken Fußretraktors und der der linken

Byssusretraktoren besteht. Der gleiche Synchronismus ist dann auch für den rechten Fußretraktor und die Byssusretraktoren der entsprechenden Seite zu erwarten.

Die vorliegenden Befunde über die Reihenfolge der Spinnfäden lassen mit großer Wahrscheinlichkeit die Vermutung aufkommen, daß hier das sogenannte UEXKÜLLsche *Dehnungsgesetz* gilt, welches besagt, daß die Erregung immer den gedehnten Muskeln „zufließt", während die mehr oder weniger kontrahierten Muskeln nicht erregt werden. Demnach bewirkt die Kontraktion des einen Fußmuskels die Disposition zur Kontraktion des antagonistischen, wodurch ein rhythmisches Hin- und Herpendeln des Fußes bedingt wird.

Die bisher geschilderten normalen Lebenserscheinungen machten uns im wesentlichen mit zwei biologisch wertvollen Eigenschaften bekannt: der Spinntätigkeit und dem Öffnungs- bzw. Schließreflex. So erhebt sich nun die Frage: welche Rolle bei diesen Tätigkeiten das Nervensystem spielt.

Ich beginne mit der

Funktion der Pedalganglien.

Auf Grund seiner experimentellen Befunde an *Ensis* kommt DREW zu dem Ergebnis, daß für die *Pedalganglien* eine weitgehende Abhängigkeit vom Gehirn besteht. Im Laufe seiner Untersuchungen konnte er zeigen, daß nach Isolierung der Pedalganglien durch Zerschneiden der Cerebropedalkonnektive Stimulation des Fußes nur Kontraktion der Muskelfasern in unmittelbarer Nähe der Reizstelle verursacht. Der Fuß machte bei *Ensis* nie als Ganzes eine Bewegung. Die *Cerebral*- und *Viszeralganglien* scheinen jedoch selbständig zu sein, da sie Impulse aufnehmen können und die Bewegungen der mit ihnen verbundenen Organe selbst nach Isolierung von den übrigen lenken. Es ist diese Reflextätigkeit natürlich auf die Anwesenheit sensibler und motorischer Neurone zurückzuführen. Ob Selbständigkeit des Fußes bei *Pecten* besteht, ist mir aus der Literatur nicht bekannt.

Experimentelle Untersuchungen an *Mytilus* sprechen mit Sicherheit für eine weitgehende Selbständigkeit des Fußes und damit der *Pedalganglien*. Zur Lösung dieses Problems exstirpierte ich zunächst meist die Cerebralganglien. Die andere in Frage kommende Methode, eine Durchschneidung der Cerebropedalkonnektive vorzunehmen, ist wegen der versteckten Lage dieser Nervenstränge zwischen den vorderen Byssusretraktoren äußerst schwierig und unsicher. Für die Exstirpationszwecke scheinen sich besonders gut ausgewachsene Mytiliden zu eignen. Sie bieten nämlich gegenüber den kleineren Exemplaren den Vorteil, daß die gelbpigmentierten, relativ großen Ganglien schon dem bloßen Auge deutlich sichtbar und daher einer Operation leicht zugänglich sind.

Eine längere Beobachtung der enthirnten Versuchstiere führte indessen zu keinem befriedigenden Ergebnis. Wohl ließ sich dann und wann eine Öffnung der Schalen feststellen, aber der Fuß kam nicht aus dem Schalenraum hervor. Anscheinend ist also die Tätigkeit des Fußes bedingt durch das Eingreifen des Gehirns. Wenn nach diesen experimentellen Befunden keine einwandfreie Lösung des Abhängigkeitsproblems zu erzielen ist, so liegt es meines Erachtens daran, daß die ausgewachsenen Tiere zwar sehr gut zu gebrauchen sind, wenn man sich über die topographische Lage des Nervensystems orientieren will, aber im Vergleich zu den kleineren und mittelgroßen Formen äußerst träge sind hinsichtlich ihrer sichtbaren Lebenserscheinungen, nämlich des Öffnungs- und Schließreflexes, des Spinnens und Kriechens mit dem Fuß.

Wählen wir nun für die Exstirpationsversuche *jüngere* und lebhaftere Tiere, so stoßen wir auf eine andere Schwierigkeit. Sie besteht darin, daß die Ganglien sich wegen ihrer schwachen Pigmentierung und Kleinheit nur wenig oder gar nicht von dem übrigen Gewebe abheben. Zur Vermeidung all dieser Schwierigkeiten kann man nun folgende, zwar etwas grobe, aber sichere Methode anwenden. Man trennt bei einer größeren Muschel das Vordertier samt Cerebralganglien völlig ab, wie aus Abb. 7 hervorgeht. Das übrigbleibende Hintertier setzt man ins Aquarium zurück; hier verliert nun der Fuß keineswegs seine Bewegungsfähigkeit. Er streckt sich aus der künstlichen Schalenöffnung hervor und kontrahiert sich auf Berührungsreize. 2 Tage nach der Operation hatten zwei Tiere Byssusfäden gesponnen; das eine nur innerhalb des Schalenraumes selbst, und zwar an der Dorsalseite, ein anderes Versuchstier drei Fäden, ebenfalls an der inneren dorsalen Schalenwand und zwei Fäden an einer untergelegten Glasplatte (Abb. 7). Bei dem zuletztgenannten Tier war die Versuchsanordnung folgendermaßen: Die Muschel wurde im Aquarium auf eine Glasplatte gelegt (siehe Abb. 7). Nach Anheftung eines Byssusfadens an der Glasplatte erhielt diese eine vertikale Stellung, so daß also das Tier an dem einen Faden frei im Wasser hing. Weiterhin spann es noch, wie bereits angedeutet, den zweiten Faden an der Glasplatte und drei andere an der inneren Schalenwand. Wie bei der Spinntätigkeit des normalen Tieres sehen wir auch hier die Tendenz, einmal nach der einen und dann nach der anderen Richtung zu spinnen. Dieser Versuch kann uns wohl kaum in Zweifel darüber lassen, daß die Pedalganglien nach Ausschaltung des Gehirns selbständiger Reflexe fähig sind.

Für die funktionelle Selbständigkeit der Pedalganglien spricht noch ein anderer experimenteller Befund. Fuß und Byssusdrüse mit dazugehörigen Ganglien wurden aus dem Körperverbande gänzlich herausgeschnitten. Derartig isolierte Füße liegen nun im Aquarium nicht regungslos da, sondern kriechen, wie in mehreren Fällen beobachtet, weiter und spinnen währenddessen Fäden. An Zahl waren es durchschnittlich drei Byssusfäden. Es handelt sich in den beobachteten Fällen um richtige koordinierte Kriechbewegungen. Füße, die spontan weder Spinn- noch Kriechtätigkeit zeigten, konnten durch Druckreize, nämlich durch Auflegen einer dünnen Glasplatte, dazu angeregt werden. Mit ziemlicher Sicherheit trat unter diesen Bedingungen die Kriech- und Spinntätigkeit ein. Zu erwarten ist allerdings nicht, daß das UEXKÜLLsche *Dehnungsgesetz* in diesem Falle seine Bestätigung findet. Die Voraussetzungen hierfür fehlen vollkommen, da infolge des Loslösens der Fußretraktoren von der dorsalen Schalenwand der feste Punkt fehlt, um den sich wie beim normalen Tier die Fußmuskeln bewegen können.

Die Erklärung für diese selbständigen Leistungen der Pedalganglien als Lokomotionszentrum müssen wir darin erblicken, daß die Ganglien

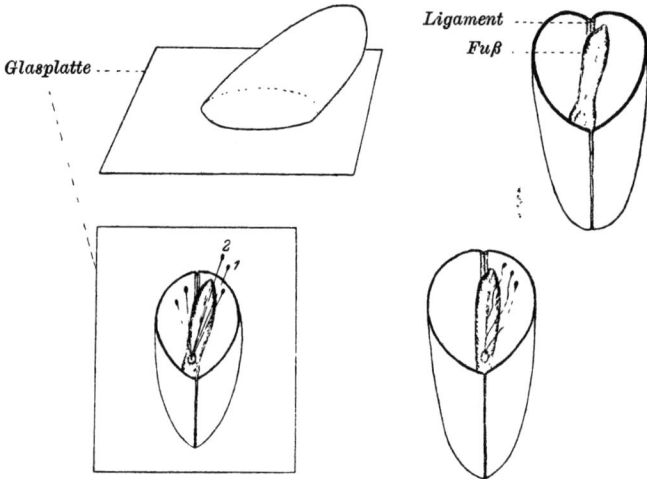

Abb. 7. Bestehenbleiben der Spinnfunktion nach Entfernung des Vorderkörpers samt Gehirn.

motorische und sensible Neurone in sich vereinigen, die einen vollkommenen Reflexapparat darstellen. Offenbar wird dieser in Tätigkeit gesetzt, sobald der sehr sensible Fuß mit irgendeinem Substrat in Berührung kommt und die so entstandenen Erregungsimpulse auf den sensiblen Bahnen dem Zentrum zufließen. Daß in der Tat die Berührungsreize von nicht zu unterschätzender Bedeutung für den Spinnreflex sind, ist mit ziemlicher Wahrscheinlichkeit aus der Beobachtung abzuleiten, daß bei den erwähnten isolierten Füßen die Spinnreaktion durch Auflegen der Glasplatte ausgelöst wird. Ferner sprechen auch die Wahrnehmungen am normalen Tier für diese Auffassung. Hat der zunächst hin- und her tastende Fuß beispielsweise die Aquariumwand berührt, dann erfolgt in den meisten Fällen darauf die Spinntätigkeit.

Einen Hinweis auf die funktionelle Selbständigkeit der Pedalganglien geben auch noch einige andere Wahrnehmungen, die von mir am *spinnenden* Fuß gemacht wurden. Nimmt man eine mechanische Reizung des Mantelrandes vor, während der Fuß spinnt, so tritt zwar eine Kontraktion des Mantelrandes und auch der Schließmuskeln ein, aber der an der Unterlage spinnende Fuß spricht nicht mit Retraktion an. Er setzt ungestört die Anheftung des Fadens fort und zieht sich erst nach direkter Berührung in den Schalenraum zurück. Streckt dagegen das Tier den Fuß aus der Schale hervor, ohne zu spinnen, so erstreckt sich der zusammengesetzte Reflex bei Einwirkung mechanischer Mantelrandreizung auch auf den Fuß. Dieses gegensätzliche Verhalten des Fußes läßt sich vielleicht durch die Annahme erklären, daß die Pedalganglien des spinnenden Fußes nicht aufnahmefähig sind für die ihnen vom Gehirn zufließenden Impulse. Oder man kann sich vorstellen, daß durch einen Impuls, der von den Pedalganglien zu den Cerebralganglien verläuft, die letzteren verhindert werden, den vom Mantelrande herrührenden Reiz in den Fuß weiterzuleiten. Auf alle Fälle steht es wohl zweifellos fest, daß die Pedalganglien das eigentliche Lokomotionszentrum sind, in dem die motorischen und sensiblen Neurone zu Reflexbögen gruppiert sind, und daß eine Verknüpfung beider nicht im Gehirn stattzufinden braucht.

Funktion der Viszeralganglien.

Es schließt sich jetzt an das Vorhergehende mit Notwendigkeit die Frage an, inwieweit die Tätigkeit der Viszeralganglien von *Mytilus* vom Gehirn abhängig ist, und ob sie nach Ausschaltung der Cerebralganglien selbständiger Reflexe fähig sind.

Bei der Beobachtung von Muscheln, denen ich, um die Selbständigkeit der Pedalganglien zu untersuchen, den vorderen Teil der Schale mitsamt Gehirn fortgeschnitten hatte, fiel mir auf, daß derartig operierte Tiere imstande waren, die Schalen nach Belieben zu öffnen oder zu schließen. Mechanische Reizung des Mantelrandes wurde bei geöffneten Muscheln mit Schließreflex beantwortet. Damit ist schon der Nachweis erbracht, daß die Viszeralganglien selbständiger Reflexe fähig sind.

Es fragt sich nun, wie die Muscheln sich verhalten, wenn nach *Exstirpation der Cerebralganglien* die früher erwähnten *chemischen Reize* auf sie einwirken. Wie bei der Beobachtung der normalen Tiere fiel mir auch hier die Beziehung zwischen der Intensität der Durchlüftung des Aquariums und der Weite der Schalenöffnung auf. War die Durchlüftung längere Zeit abgestellt, dann fand ich die Muscheln nach und nach geschlossen vor. Wurde sie später wieder in Gang gesetzt, so öffneten sich die Schalen. Reizung des Mantelrandes hatte Schließen der Schalen zur Folge. Einige Versuchstiere wurden längere Zeit in verdorbenem Seewasser gehalten und dann in frisches, gut durchlüftetes Wasser gebracht. Nach etwa 15 Minuten antworteten sie mit Schalenöffnung. Einer noch geschlossenen Muschel öffnete ich durch Einführung eines Skalpellgriffes gewaltsam ein wenig die Schalen, ließ das im Schalenraum befindliche Wasser ablaufen und füllte anderes ein, das bereits mehrere Wochen in einer kleinen offenen Schale ohne Durchlüftung gestanden hatte. Nach Überführung dieses Tieres in ein gut durchlüftetes Aquarium war nach einigen Minuten der Öffnungsreflex eingetreten. Eine ungewollte Erschütterung des Aquariums verursachte Schalenschluß. Weitere vier Muscheln mit exstirpierten Cerebralganglien wurden $2^{1}/_{2}$ Stunden der Trockenheit ausgesetzt und dann ins Aquarium zurückgebracht; 2—8 Minuten später erfolgte Öffnung der Schalen. Nach diesen experimentellen Befunden bewahren also die Viszeralganglien ihre normale reflektorische Funktion auch nach Entfernung des Gehirns. Die von uns geforderte Gruppierung der sensiblen und motorischen Neurone zu selbständigen Reflexbögen müssen wir uns in der Weise vorstellen, daß vom Mantelrand eine sensible Bahn zu den Viszeralganglien zieht und von hier aus eine motorische zum Schließmuskel.

Weitere Einzelheiten über die funktionelle Bedeutung der Viszeralganglien erfahren wir durch ihre Exstirpation. UEXKÜLL entfernte bei *Pecten* zwar nicht die Ganglien, sondern nur die zum Schließmuskel führenden Nerven, deren Durchschneidung bei *Mytilus* mir unmöglich und unsicher erschien. Beide Methoden laufen aber schließlich auf dasselbe hinaus, nämlich auf eine Isolierung des Schließmuskels von den Viszeralganglien. Ich erwähne im folgenden die Versuche an *Pecten* etwas eingehender, da sie uns Klarheit verschaffen über die bei *Mytilus* gemachten Befunde.

Der Schließmuskel von *Pecten* besteht aus einem mit quergestreiften Fasern versehenen großen *Bewegungsmuskel* und einem kleineren *Sperrmuskel*, der glatte Fasern aufweist (siehe Abb. 12). Diesen verschiedenen Fasergattungen entspricht auch eine verschiedene Funktion. Der große Muskel nähert die Schalen einander schnell (Bewegungsmuskel), während der kleinere als Sperrmuskel die Schalen in jeder beliebigen Lage feststellt, in der er den Gegenzug des elastischen Schloßbandes sowie stärkere Kräfte beliebige Zeit überwindet. Ein Maß für die Sperrung, d. h. den tonischen Kontraktionszustand des Muskels, ist immer die Härte des Muskels; denn im völlig entsperrten Zustande fühlt sich der Muskel weich an, während er sich im Zustande der Sperrung durch seine Härte auszeichnet. Der Muskel zeigt die Erscheinung der *passiven Verkürzung* bei gleichbleibender Sperrung. Man braucht nur die Schalen durch Fingerdruck einander zu nähern, dann behalten sie ohne weiteres die ihnen erteilte neue Stellung bei und machen eine

Zurückführung in die ursprüngliche Stellung fast unmöglich; wohl aber gestattet der Muskel noch eine weitere Verkürzung.

Das Entstehen und Vergehen der Sperrung wird vom Gehirn aus involviert und steht im Zusammenhang mit einer merkwürdigen Differenzierung der sperrenden und entsperrenden Fasern in den Cerebroviszeralkonnektiven. Auf Reizung des *linken* Konnektivs tritt nämlich *Sperrung*, d. h. dauernder Schalenschluß ein, während Reizung des *rechten* Konnektivs oder des Mundfeldes mit Erschlaffung des Muskels, der sogenannten *Entsperrung* beantwortet wird. Die Durchschneidung der Sperrmuskelnerven bei völliger Entsperrung, bei mittlerer und höchster Sperrung, zeigt, daß der Muskel längere Zeit hindurch *die* Sperrung beibehält, die er im Augenblick der Durchtrennung des Nerven besaß.

Der allmähliche Übergang von der höchsten Sperrung in die Entsperrung dauert nach der Durchschneidung der zum Muskel führenden Viszeralnerven länger als 3 Tage. Am 2. Tage klaffen die Schalen schon einigermaßen deutlich. Aber die Sperrung ist scheinbar noch dieselbe, da der Muskel jeder Dehnung den größten Widerstand entgegensetzt. Eine passive Muskelverkürzung läßt sich ohne weiteres vornehmen. Doch kann man den Muskel jetzt ohne große Schwierigkeit aus der neuen Stellung bis zur alten Länge dehnen, der sogenannten *festen Länge*, wie Uexküll sich ausdrückt. Am 3. Tage ist die feste Länge verschwunden. Allerdings ist eine passive Verkürzung durch schwache Sperrung noch zu erreichen. In diesem Zustande ist eine Dehnung des Muskels nach mäßigem Zug möglich, bis schließlich auch die schwache Sperrung verschwindet und das elastische Schloßband den Muskel für immer dehnt. Die Sperrung selbst erfordert keinen Stoffwechsel.

Eine Reihe von Versuchen soll uns jetzt die Verhältnisse der *Sperrung* bei *Mytilus* näher vor Augen führen. Mit Leichtigkeit läßt sich auch hier zeigen, daß durch Fingerdruck die geöffneten Schalen einander beliebig genähert werden können und jeder Versuch, sie in ihre Anfangsstellung zurückzuziehen, vergeblich ist. Es ist also eine passive Verkürzung ohne weiteres, eine passive Dehnung des Muskels dagegen nicht durchzuführen. Diese Versuche gelten zunächst nur für normale Tiere. Es fragt sich, was geschieht, wenn die Viszeralganglien, die den hinteren Schließmuskel innervieren, entfernt werden. Der vordere Adduktor kann ganz außer acht gelassen werden, da er wegen seiner äußerst geringen Größe für das Schließen der Schalen nur geringe Bedeutung hat.

Bei den nun folgenden Experimenten wurde zunächst durch mechanische Reizung des Mantelrandes von einem schon bestehenden Schalenspalt aus der Öffnungsreflex ausgelöst. War auf diese Weise eine zur Entfernung der Viszeralganglien hinreichend große Schalenöffnung erzielt, dann klemmte ich ein Holzstück zwischen die Schalen, um die Kontraktion des Schließmuskels zu verhindern. Bequem und leicht konnte jetzt die Exstirpation der Viszeralganglien vorgenommen werden. Die Durchtrennung der Nerven, die von den Viszeralganglien zum hinteren Adduktor führen, mit einem raschen Scherenschlage ist, wie schon erwähnt, bei *Mytilus* nicht möglich. Die Herausnahme der Viszeralganglien erfordert natürlich eine gewisse Zeit und wirkt auf das Tier als Reiz, der vielfach mit Schalenschluß und Sperrung beantwortet wird. Daher ist es mir nicht immer gelungen, Tonusfang am völlig entsperrten Muskel zu erzielen. Bei jedem Versuchstier bestimmte ich *vor dem operativen* Eingriff die Größe des Schalenspaltes (*Mytilus* Nr. 1, Schalenspalt 7 mm) am Branchialsipho, um ein Maß für die später eintretende Veränderung der Öffnung zu besitzen, die uns gleichzeitig einen Einblick in das kontraktive Verhalten des Muskels gestattet. Der Tonus- oder Erregungsfang geht deutlich aus der Beobachtung vom 16. III. 25 des folgenden Versuchs hervor.

Versuch mit Mytilus Nr. 1 nach Entfernung der Viszeralganglien.

16. III. 25. *Schalenspalt* 7 mm; passive Verkürzung möglich; passive Dehnung nicht möglich;
19. III. 25. ,, 7 ,, passive Verkürzung möglich; passive Dehnung möglich; gleich darauf Schalenschließen bis auf 7 mm.
20. III. 25. ,, 7 ,, passive Dehnung möglich. Schalenschließen bis auf 7 mm.
21. III. 25. ,, 8 ,, passive Verkürzung bis auf 2 mm; passive Dehnung möglich (durch öfteres Zurückfedernlassen der Schalen).
22. III. 25. ,, 8 ,, wie am 21. III.; passive Dehnung auf die feste Länge von 8 mm;
23. III. 25. ,, 9 ,, passive Verkürzung bis auf 4 mm; passive Dehnung auf die (durch Reizung wie vorher) feste Länge von 9 mm.
24. III. 25. ,, 9 ,, passive Verkürzung bis auf 4 mm; passive Dehnung auf die (durch Reizung wie vorher) feste Länge von 9 mm, darauf langsam zunehmende Dehnung.
25. III. 25. ,, 9 ,, passive Verkürzung bis auf 4 mm; passive Dehnung auf 12 mm (darauf langsam zunehmende Dehnung auf 9 mm).
26. III. 25. ,, 13 ,, (wie vorher 25. III. 25) (Dehnung auf 13 mm).
27. III. 25. ,, 13 ,, passive Verkürzung *nicht* möglich; passive Dehnung auf 16 mm.
28. III. 25. ,, 16 ,, passive Verkürzung *nicht* möglich; passive Dehnung auf 18 mm.
29. III. 25. ,, 18 ,, passive Verkürzung *nicht* möglich; bei passiver Dehnung Zerreißen des Muskels.
Vom 27.—29. III. zeigte das Tier schwächer werdende Reizreaktionen des Fußes und des Mantelrandes.

Wir sehen also in diesem Experiment auch bei *Mytilus* eine allmählich abnehmende Sperrung. Nach Entfernung der Viszeralganglien und des eingeklemmten Holzstückes behält der Muskel ruhig seine Sperrung und Verkürzung bei. Eine Verlängerung durch Zug ist unmöglich; wird dagegen eine passive Verkürzung vorgenommen, so nimmt der Muskel ohne weiteres die neue Stellung ein und besitzt dieselbe Sperrung wie vorher. Das sogenannte „*Phänomen der festen Länge*" geht deutlich aus den Beobachtungen vom 22.—24. III. hervor.

Bei einer Wiederholung dieses Versuches mit anderen Muscheln fiel mir in vereinzelten Fällen auf, daß nach Herausnahme der Viszeralganglien und des eingeklemmten Holzstückes teilweises oder völliges Schließen der Schalen eintrat. Es trifft also in diesen Fällen anscheinend nicht das zu, was UEXKÜLL bei *Pecten* mit *Tonus*- oder *Erregungsfang* bezeichnet. Wie schon an anderer Stelle erwähnt, muß während der Exstirpation der Viszeralganglien noch ein gewisses Maß nervöser Erregung in den Muskel gelangt sein, die für seine aktive Kontraktion in Frage kommt. Sonst zeigte sich auch hier eine allmähliche Abnahme der Sperrung, und zwar ging nach durchschnittlich 10 Tagen der Muskel aus dem Zustande der mittleren Verkürzung und der maximalen Sperrung in die Entsperrung über, indem parallel hierzu die sichtbaren Reaktionserscheinungen am Fuß und Mantelrand allmählich abnahmen.

In dem folgenden Versuch fällt besonders das konstante Verhalten der Sperrung auf. Nach dem operativen Eingriff bei einem Schalenspalt von 7 mm schlossen sich die Schalen.

Versuch mit Mytilus. Tier Nr. 2.

am 18. III. 25 Schalenschluß; passive Dehnung nicht möglich
„ 19. III. 25   „   „   „   „   „
„ 20. III. 25   „   „   „   „   „
„ 21. III. 25   „   „   „   „   „
„ 22. III. 25   „   „   „   „   „
„ 23. III. 25   „   „   „   „   „
„ 24. III. 25   „   „   „   „   „
„ 25. III. 25   „   „   „   „   „
„ 26. III. 25   „   „   „   „   „
„ 27. III. 25   „   „   „   „   „
„ 28. III. 25   „   „   „   „   „
„ 29. III. 25 Schalenspalt von 3 mm; passive Dehnung nur wenig;
„ 30. III. 25   „   von 5 mm; passive Dehnung bis auf 8 mm; passive Verkürzung bis auf 2 mm.
„ 31. III. 25   „   von 10 mm. Das Tier ist tot.

Im Sinne unserer früheren Versuche fortfahrend, sei an dieser Stelle schließlich noch der *Einfluß chemischer Reize auf fünf geöffnete Muscheln mit exstirpierten Viszeralganglien* hingewiesen. Diese Tiere setzte ich in einer Schale mit Seewasser $1/4$ Stunde der Einwirkung des CO_2-

Stromes aus. Der bei normalen Tieren eintretende Schließreflex blieb aus. Der CO_2-Strom wurde abgestellt und die Schale luftdicht durch eine aufgelegte Glasplatte abgeschlossen, um dem Luftsauerstoff keinen Zutritt zu gewähren. Nach $^3/_4$ Stunden machte ich die merkwürdige Entdeckung, daß eine Muschel den vorher 6 mm weiten Schalenspalt auf 4 mm schloß, so daß die vorher einander nicht berührenden Mantelränder am Branchialsipho sich nähern konnten und den Schalenraum gegen das äußere Wasser abschlossen. In frischem durchlüfteten Wasser legten sich die Mantelränder zurück, und der ursprüngliche Schalenspalt trat ganz allmählich wieder auf. Dies ist der einzig beobachtete Fall, aus dem man vielleicht ein reflektorisches Funktionieren auch nach Entfernung der Viszeralganglien herauslesen könnte, aber vielleicht läßt sich diese Erscheinung auch durch direkte Reizung des Muskels erklären. Diese Tatsache mutet um so merkwürdiger an, da auf mechanische Reizung des Mantelrandes bei dieser Muschel und auch bei den vier anderen nur Kontraktion des Mantelrandes eintrat.

In den vorhergehenden experimentellen Untersuchungen habe ich zeigen können, daß ein selbständiges reflektorisches Funktionieren der Viszeralganglien auch nach Ausschaltung des Gehirns möglich ist; infolgedessen muß dann die Durchschneidung der das Gehirn mit den Viszeralganglien verbindenden Cerebroviszeralkonnektive keinen Einfluß auf die motorische Tätigkeit des Öffnens und Schließens der Schalen ausüben. Experimentelle Nachprüfungen sprechen zugunsten dieser Forderung. Die allerdings noch bestehende nervöse Verbindung zwischen den Ganglien durch den Mantelrandnerv könnte diesen Satz in Zweifel ziehen. Es ist jedoch DREW und mir der Nachweis gelungen, daß bei *Ensis* und *Mytilus* die zu erwartende Verbindung in Wirklichkeit nicht besteht. Auf diese Verhältnisse komme ich später noch zurück.

Mehreren Muscheln durchschnitt ich also zur Prüfung der oben aufgeworfenen Frage die *Cerebroviszeralkonnektive* und ließ sie etwa 2 Tage in einem undurchlüfteten Aquarium liegen. Nach Überführung der geschlossenen Tiere in ein sehr gut durchlüftetes Aquarium trat nach ungefähr 10 Minuten Schalenöffnung ein. Stimulation des Mantelrandes beantworteten die Tiere prompt mit Schalenschluß. In fast allen Fällen hatten sich die Tiere mit zahlreichen Byssusfäden an dem Substrat festgesponnen. Die Lebensdauer fiel verschieden aus. Während einige nach etwa 20 Tagen starben, lebten andere noch nach 2 Monaten, waren also offenbar nicht ernsthaft geschädigt. Von *Pecten* wissen wir dagegen, daß Durchschneidung der Cerebroviszeralkonnektive stets den Tod in ziemlich kurzer Zeit herbeiführt (nach mündlicher Mitteilung v. BUDDENBROCKS). Worauf diese höchst auffällige Erscheinung zurückzuführen ist, ist indessen nicht bekannt.

Physiologie der Cerebralganglien.

Wenn uns die bisherigen Untersuchungen mit einer ziemlichen Selbständigkeit der Pedal- und Viszeralganglien bekannt gemacht haben, so darf aus diesen Befunden keineswegs die Schlußfolgerung gezogen werden, daß die *Cerebralganglien* ohne Einfluß auf den Ablauf der Reflexe sind. Zunächst bedarf es wohl kaum einer besonderen Erwähnung, daß vom Gehirn aus eine Reihe von Organen, hauptsächlich der vordere Schließmuskel, die Mundsegel, sowie die Partien des Mundes, des Ösophagus und des Magens direkt innerviert werden, und daß daher nach Enthirnung Störungen in dieser ganzen Region auftreten.

Die Anatomie des Nervensystems der *Mytiliden* lehrte uns ferner, daß die drei wohlgesonderten Ganglienpaare weit auseinanderliegen und die Pedal- und Viszeralganglien nicht direkt miteinander verbunden sind, sondern indirekt über das Gehirn. Hieraus geht hervor, daß

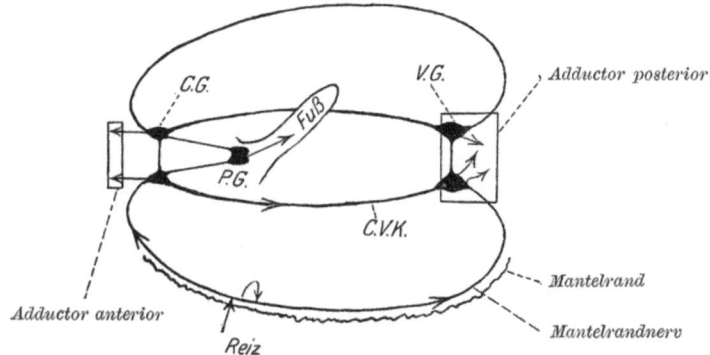

Abb. 8. *C.G.* = Cerebralganglion. *C.V.K.* = Cerebroviszeralkonnektiv. *P.G.* = Pedalganglion. *V.G.* = Viszeralganglion.

zusammengesetzte Reflexe, die auf einem zweckmäßigen Zusammenarbeiten von Körperteilen beruhen, die teils von den Viszeralganglien, teils von den Pedalganglien innerviert werden, nur durch das Eingreifen des Gehirns zustande kommen. Reizt man beispielsweise bei geöffneten Schalen und während der Fuß sich außerhalb des Schalenraumes befindet, den Mantelrand, so erfolgt dreierlei: Kontraktion des Mantelrandes, des Fußes und der Schließmuskeln. Die Reflexbahnen sind hierbei vermutlich die in Abb. 8 angegebenen. Bei der Retraktion des Fußes könnte man allenfalls daran denken, daß sie lediglich infolge des Druckes eintritt, den die sich schließenden Schalen auf ihn ausüben. Zur Entscheidung dieser Frage wurde seitlich aus einer Schalenhälfte und dem Mantel ein Stück herausgeschnitten. Die inneren Organe lagen nun frei da. Reizung des Mantelrandes bei einem Tier, dessen Fuß im Schalenraum ausgestreckt lag, führte Kontraktion des Mantelrandes und des Fußes herbei. Bei dieser Versuchsanordnung war somit eine Reizung des Fußes durch die sich aneinanderlegenden Mantelränder ausgeschlossen. Mithin bleibt als Auslösungsfaktor für die Kontraktion des Fußes nur die nervöse Erregung übrig, die über das Gehirn (*C.G.*) den Pedalganglien (*P.G.*) zufließt.

Die eben erwähnte Gesamthandlung ist jedenfalls dadurch ermöglicht, daß die sensiblen Endigungen des Mantelrandes zum Gehirn ziehen und dort mit den motorischen Neuronen der Pedal- und Viszeralganglien in Verbindung treten.

In der Arbeit von UEXKÜLL über *Pecten* werden ebenfalls zusammengesetzte Reflexe beschrieben, die sehr deutlich das Subordinationsverhältnis zwischen Gehirn und den anderen Ganglien zum Ausdruck bringen. Bekanntlich entspricht bei den Lamellibranchiern der morphologisch verschiedenen Ausgestaltung des Fußes auch eine verschiedene Funktion. Der fingerförmige Fuß von *Mytilus* hat die Fähigkeit, zu kriechen und zu spinnen. Der beilförmige und zum Graben eingerichtete Fuß besitzt schlechthin die Funktion, unter dem Einfluß von Statozysten senkrecht nach unten zu bohren. Der fingerförmige Fuß von *Pecten maximus* und *jacobaeus* zeigt die ganz merkwürdige Eigenschaft einer sogenannten Putzfunktion. Er ist imstande, störende Fremdkörper aus dem Schalenraum zu entfernen, indem er sie mit seiner ausgehöhlten Sohlenfläche greift. Dieser *Berührungsreflex* ist nur unter der Voraussetzung möglich, daß der Fuß jede Körperstelle zu finden vermag. Die hierzu nötigen Nervenbahnen müssen notwendigerweise durch das Gehirn gehen. Wenn nun bei diesem *Reinigungsvorgang* der Fuß den gepackten Fremdkörper loslöst und gleichzeitig durch ruckweises Schließen der Schalen ein Wasserstrom erzeugt wird, der ihn aus dem Schalenraum nach außen spült, so werden auch hier offenbar Pedal- und Viszeralganglien durch das Gehirn zugleich in Tätigkeit gesetzt.

Funktion des Mantelrandnervs.

Nach Durchtrennung eines Mantelrandnerven kann man bei der geöffneten Muschel durch mechanische Reizung des Mantelrandes zwischen Gehirn (*C.G.*) und Schnitt den Schließreflex auslösen (siehe Abb. 9). Es dürfte zunächst feststehen, daß die durch den Reiz bedingten Erregungsimpulse durch die Cerebralganglien (*C.G.*) gehen. Wie verläuft nun aber die Reflexbahn weiter bis zum Reaktionsort, d. h. bis zum hinteren Schließmuskel? Wie aus Abb. 10 ersichtlich ist, bieten sich für die Fortleitung der nervösen Erregung zwei Möglichkeiten. Entweder übernimmt der intakte Mantelrandnerv diese Aufgabe, oder die Cerebroviszeralkonnektive (*C.V.K.*) sind das reizleitende Element. Klarheit über diese Verhältnisse verschafft uns die Durchschneidung der Cerebroviszeralkonnektive. Ich ging jedoch schrittweise vor und durchtrennte erst eins der ebengenannten Konnektive, und zwar das mit dem durchschnittenen Mantelrandnerv auf der gleichen Seite liegende. Unter denselben Bedingungen wie vorher stellte sich der Schließreflex ein.

Wesentlich anders gestaltete sich dagegen der Erfolg, wenn beide Cerebroviszeralkonnektive durchschnitten waren. In diesem Falle blieb der Schließreflex aus. Nimmt man dagegen die mechanische Reizung am Branchialsipho vor, so reagiert das Tier mit Kontraktion des hinteren Adduktors. Es wird also der Erregungsimpuls direkt auf die Viszeralganglien übertragen.

Wir können aus diesem Verhalten zweierlei schließen: Der bedeutend kleinere vordere Adduktor ist nicht imstande, die Kraft des entgegengesetzt wirkenden elastischen Schloßbandes allein zu überwinden. An der dazu erforderlichen Nervenerregung kann es nicht fehlen, da der Erregungsimpuls ungehindert vom Reizort zu dem Gehirn gelangt, das

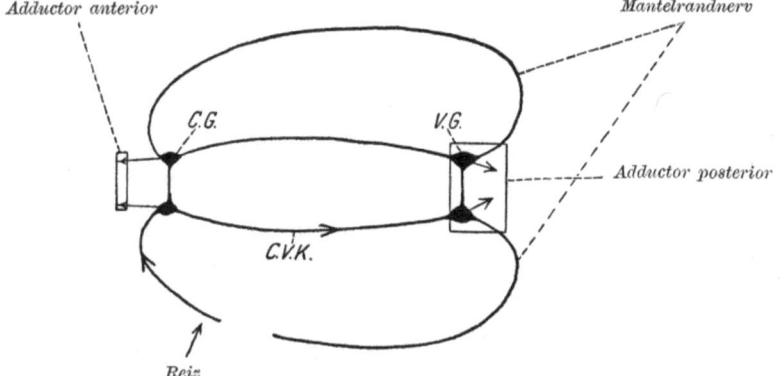

Abb. 9. *C.G.* = Cerebralganglion. *C.V.K.* = Cerebroviszeralkonnektiv. *V.G.* = Viszeralganglion.

den vorderen Schließmuskel innerviert. Diesem Befunde scheinen aber die Verhältnisse zu widersprechen, die wir bei den Untersuchungen über den Synchronismus der beiden Adduktoren vorfanden. Die Schließkraft des vorderen Muskels erstreckte sich hier jedoch nicht auf die ganzen Schalen, sondern nur auf den sehr kleinen vorderen, mit einem minimalen Ligamentstück versehenen vorderen Schalenteil. Diese nicht allzu große Leistung können wir ohne weiteres dem kleinen Schließmuskel zuschreiben.

Wenn weiterhin der hintere Schließmuskel in dem obenerwähnten Versuch sich nicht kontrahiert, so läßt diese Tatsache den Schluß als berechtigt erscheinen, daß die Cerebroviszeralkonnektive die einzige Leitungsbahn zwischen Gehirn und Viszeralganglion sind. Der Mantelrandnerv, der anscheinend auch beide Ganglien verbindet, ist hierzu in Wirklichkeit nicht imstande.

Die merkwürdige Tatsache, daß trotz des Mantelrandnervs eine wirkliche Verbindung zwischen Viszeral- und Cerebralganglien (*V. G. C. G.*) nur durch die Cerebroviszeralkonnektive (*C. V.K.*) besteht, erlaubt verschiedene Schlüsse über die anatomische Beschaffenheit desselben (siehe Abb. 10): 1. es gibt im *Mantelrandnerv keine langen Bahnen*, die beide Ganglien miteinander verbinden, 2. von *jeder Stelle* aus ziehen *sensible Nerven* sowohl zum *Gehirn* als auch zu den *Viszeralganglien*. Von diesen Nervenzentren ziehen dann motorische Neurone zum zugehörigen Schließmuskel, sowie Schaltneurone in beiden Richtungen durch die Cerebroviszeralkonnektive, die sich alsdann in motorische Neurone fortsetzen, die zum Schließmuskel ziehen. Während bei *Mytilus* diese Bahnen im Mantelrand selbst verlaufen, erstrecken sie sich bei *Pecten*, von dem Viszeralganglion (*V. G.*) ausgehend, strahlenförmig über ein weites Feld (siehe Abb. 11).

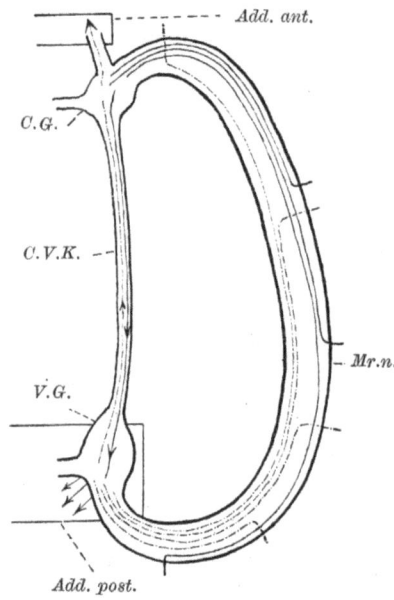

Abb. 10. *C.G.* = Cerebralganglion. *C.V.K.* = Cerebroviszeralkonnektiv. *V.G.* = Viszeralganglion. *Add. ant.* = Adductor anterior. *Add. post.* = Adductor posterior.

Die Anatomie des Nervensystems von *Mytilus* lehrt weiterhin, daß vom Mantelrandnerv aus vielfache Verzweigungen abgehen, die unter sich in Verbindung stehen und infolgedessen ein feines, dichtes Nervennetz im Mantelrand bilden. Dieser Charakter des Mantelrandnervs als Nervennetz kommt im folgenden sehr klar zum Ausdruck. Reizt man den Mantelrandnerv an irgendeiner Stelle, so resultiert aus dieser Reizung eine je nach der Reizstärke mehr oder weniger begrenzte Muskelkontraktion im Mantelrand. Es nimmt also die Intensität der von dem gereizten Punkt ausgehenden Erregung mit wachsender Entfernung vom Reizorte erheblich ab. Im normalen Leben von *Mytilus edulis* wird oft genug ein für den Organismus harmloser Reiz, beispielsweise in Gestalt eines vorbeischwimmenden Tieres oder dahintreibender Pflanzenteile, den Mantelrand treffen. Wenn nun ein solcher indifferenter Reiz statt Schließreflexe nur eine lokale Reaktion im Mantelrand auslöst, mithin der Erregungsimpuls nicht auf die Nervenzentren übergreift, so liegt hier ein sehr zweckmäßiges Verhalten vor. Daß in der Tat der peripher gelegene Mantelrandnerv unabhängig von den zentralen Ganglien selbständige Reflexe aufweist, geht aus den in ihm enthaltenen Ganglien hervor. Der Beweis für diese autonome reflektorische Tätigkeit läßt sich mit Leichtigkeit erbringen. Nach vollkommener Isolierung des Mantelrandnervs durch einen parallel und zwei senkrecht zum Mantelrand verlaufende Schnitte löst mechanische Reizung des Mantelrandes Kontraktionen aus.

Im Anschluß hieran sei schließlich noch ein Versuch erwähnt, der die Ausbreitung der Erregung vom linken auf den rechten Mantelrand betrifft. Nimmt man bei einer *geöffneten* Muschel eine ziemlich kräftige mechanische Reizung des einen branchialen Mantelrandes vor, so greift die nervöse Erregung auch auf den anderen Mantelrand über. Die Reaktion äußert sich beiderseits in einem nach innen gerichteten Schlag der bäumchenartigen Verästelungen. Demzufolge läuft die Erregung durch die Viszeralganglien, wie auch UEXKÜLL für *Pecten* beobachtete.

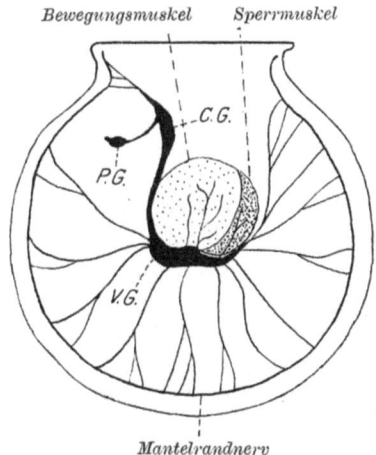

Abb. 11. Pecten von der linken Seite, nach DAKIN. *C.G.* = Cerebralganglion. *P.G.* = Pedalganglion. *V.G.* = Viszeralganglion.

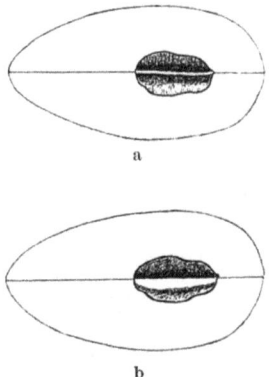

Abb. 12. a) Der freigelegte rechte und linke Mantelrand im ungereizten Zustand. b) Der freigelegte rechte und linke Mantelrand im gereizten Zustand.

UEXKÜLL schreibt: „Selbst bei sehr geringer seitlicher Ausbreitung der Erregung auf den gereizten Saum springt die Erregung mit Sicherheit auf den gegenüberliegenden Saum über." Es ist allerdings bei *Mytilus* möglich, die Reaktion auch auf die gereizte Seite allein zu beschränken, wenn nämlich Reizung von sehr geringer Intensität vorliegt.

Merkwürdige Verhältnisse zeigt allerdings der folgende Versuch mit *Mytilus*. Bei *geschlossenen* Schalen wurden *ventral vorn* zwei Schalenstücke zur Freilegung der Mantelränder entfernt (siehe Abb. 12a, b). Wir sehen bei a den rechten und linken Mantelrand im *ungereizten* Zustande dicht aneinander liegen. Reize ich nun den einen Mantelrand, so kontrahierte sich dieser allein. Die Erregung griff auch bei ziemlich stark angewendeter Reizintensität nicht auf den anderen freiliegenden Mantelrand über, was aus Abb. 8b hervorgeht.

Zusammenfassung.

1. Durch Überführung von geschlossenen Muscheln aus verdorbenem Wasser in frisches, gut durchlüftetes läßt sich nach einigen Minuten der Öffnungsreflex auslösen. Im umgekehrten Falle erfolgt der Schließreflex.

2. Bei geschlossener Schale führt mechanische Reizung des Mantelrandes vom Innern des Schalenraumes aus, wobei man das reizende Instrument durch eine seitliche Öffnung in die Schale führt, ebenfalls zum Öffnungsreflex.

3. Ablassen des Wassers aus dem Schalenraum wird in den meisten Fällen durch Öffnungsreflex beantwortet.

4. Längere Trockenperiode (einige Stunden) löst nach Überführung der geschlossenen Muschel ins Aquarium Öffnungsreflex aus.

5. Die Beschaffenheit des Wassers im Schalenraum spielt beim Öffnungs- und Schließreflex eine wesentliche Rolle. Liegt die Muschel mit geschlossenen Schalen in verdorbenem oder abgekochtem Seewasser, dann erfolgt nach Einführung frischen Wassers in den Schalenraum mit einiger Sicherheit Schalenöffnung; wird dagegen bei geöffneten Schalen und bei Anwesenheit durchlüfteten Wassers außerhalb der Schale irgendwie verdorbenes Seewasser in den Schalenraum gebracht, dann reagiert die Muschel genau so, als wenn das schlechte Wasser vom Außenraum kommt, es tritt also Schließreflex ein. Die Chemorezeptoren liegen also nicht nur im Mantelrand, sondern auch im Innern.

6. Schnelle und allmähliche Temperatursteigerung führt auch bei konstantem O_2-Gehalt des Wassers nach vorhergehendem rhythmischen Öffnen und Schließen der Schalen zum endgültigen Schalenschluß, darauffolgende Abkühlung bedingt den Öffnungsreflex.

7. Die Herzschlagfrequenz und die Amplitude der Pulsationen ist bei geöffneten Schalen größer als bei geschlossenen. Es läßt sich nachweisen, daß diese Erscheinung nicht durch die Anhäufung schädlicher Stoffwechselprodukte im geschlossenen Schalenraum hervorgerufen wird, sondern reflektorisch bedingt ist.

8. Die äußeren und inneren Kiemen zeigen als Ganzes rhythmische Bewegungen, indem sich die Blätter in demselben Takt einander nähern und wieder auseinanderweichen. Mit zunehmender Temperatur steigert sich die Schlagfrequenz der Kiemen. Vermutlich besteht Synchronismus zwischen Herz- und Kiemenschlag.

9. Der Synchronismus zwischen dem vorderen und hinteren Adduktor ist nervös bedingt.

10. *Mytilus edulis* spinnt die Byssusfäden nicht regellos an, sondern derart, daß schließlich eine ganz regelmäßige strahlige Anordnung resultiert. Die Regelmäßigkeit ist im Sinne des UEXKÜLLschen *Dehnungsgesetzes* zu verstehen, indem der Fuß nach Festheftung eines Fadens

nach Möglichkeit eine Stellung einnimmt, in der die vorher gedehnten Muskeln kontrahiert sind.

11. Nach Exstirpation des Gehirns behält der Fuß die Fähigkeit des Spinnens und Kriechens bei, auch völlig vom Körper abgetrennte Füße kriechen und spinnen.

12. Die Selbständigkeit der *Viszeralganglien* äußert sich im Bestehenbleiben des Öffnungs- und Schließreflexes nach Trennung von den Cerebralganglien.

13. Der hintere Schließmuskel von *Mytilus edulis* zeigt analog wie bei *Pecten* die Erscheinung der passiven Verkürzung, der festen Länge und des Tonusfanges.

14. Nach Entfernung der Viszeralganglien tritt keine Reaktion bei Einwirkung von frischem und schlechtem Seewasser ein, d. h. kein Öffnungs- und Schließreflex.

15. Die Cerebralganglien regeln den Ablauf der zusammengesetzten Reflexe, die auf einem zweckmäßigen Zusammenarbeiten verschiedener Körperteile beruhen.

16. Der Mantelrandnerv von *Mytilus edulis* ist zur Übertragung von Impulsen zwischen Gehirn und Viszeralganglien nicht fähig; die einzig wirkliche Verbindung sind die Cerebroviszeralkonnektive. Jedoch führt der Mantelrandnerv im Gegensatz zu *Pecten* lange sensible Bahnen, die zu den Cerebral- und Viszeralganglien führen. Der Mantelrandnerv ist nach Trennung von den zentralen Ganglien selbständiger Reflexe fähig, die sich in Kontraktion des Mantelrandes nach dessen mechanischer Reizung äußern.

Literatur.

v. Buddenbrock, W.: Grundriß der vergleichenden Physiologie. I. Teil. 1924. — **Koch, W.:** Herzschlag von *Anodonta* unter natürlichen und künstlichen Bedingungen. In: Pflügers Arch. f. d. ges. Physiol. 166, 281—367. — **v. Uexküll, J.:** Studien über den Tonus. VI. Die Pilgermuschel. Zeitschr. f. Biol. 58, H. 7. — **Drew, Gilman A.:** The physiology of the nervous system of the Razor schell Clam (*Ensis directus* Con.). Journ. of exp. zool. 5, 311—326. 1908. — **List, Th.:** Fauna und Flora des Golfes von Neapel. 27. Monographie: Die Mytiliden. I. Teil. 1902.

Lebenslauf.

Ich, Klaas-Denekas Woortmann, ev.-luth. Konfession, bin am 29. Oktober 1897 als Sohn des 1899 verstorbenen Kapitäns Wessel Woortmann und seiner Frau Antje, geb. Denekas, zu Leer in Ostfriesland geboren. Von Ostern 1911 bis Ostern 1920 besuchte ich das staatliche Realgymnasium daselbst, das ich Ostern 1920 mit dem Zeugnis der Reife verließ. Seit dem Sommersemester 1920 habe ich mich dem Studium der Naturwissenschaften und der Philosophie gewidmet, und zwar: zwei Semester an der Universität Hamburg und acht Semester an der Universität Kiel. Ich besuchte Vorlesungen, Praktika und Seminarübungen folgender Herren Professoren und Dozenten: in Hamburg: Hentschel, Klatt, Lohmann, Pfeffer, Reichenow; in Kiel: K. Brandt, v. Buddenbrock-Hettersdorf, v. Brockdorff, Diels, Dieterici, Eggers, Feuerborn, Mumm, Nienburg, Reibisch, Reinke, Schellenberg, Schmidt, Schröder, Stenzel, Thienemann, Tischler, Weinhandl, Wittmann.

Meinen hochverehrten Herren Lehrern spreche ich für die wissenschaftliche Förderung, die ich durch sie erhalten, meinen herzlichsten Dank aus. Die vorliegende Arbeit ist im Zoologischen Institut der Universität Kiel unter Leitung des Herrn Professor Dr. v. Buddenbrock-Hettersdorf entstanden. Es ist mir eine angenehme Pflicht, meinem hochverehrten Herrn Lehrer für die freundliche Anregung und Unterstützung, sowie für das Wohlwollen, das er mir während meiner Studienzeit erwies, meinen tiefempfundenen Dank auszusprechen.

If you have any concerns about our products,
you can contact us on
ProductSafety@springernature.com

In case Publisher is established outside the EU,
the EU authorized representative is:
**Springer Nature Customer Service Center GmbH
Europaplatz 3, 69115 Heidelberg, Germany**

Printed by Libri Plureos GmbH
in Hamburg, Germany